한 권으로
계산
끝

KB124658

한 권으로 계산 끝 6

지은이 차길영
펴낸이 임상진
펴낸곳 (주)넥서스

초판 1쇄 발행 2019년 9월 25일
초판 5쇄 발행 2022년 11월 25일

출판신고 1992년 4월 3일 제311-2002-2호
10880 경기도 파주시 지목로 5
Tel (02)330-5500 Fax (02)330-5555

ISBN 979-11-6165-652-6 (64410)
        979-11-6165-646-5 (SET)

www.nexusbook.com
www.nexusEDU.kr/math

🕐 문제풀이 **속도**와 **정확성**을 향상시키는
초등 연산 프로그램

계산력 + 두뇌회전
UP!

한 권으로

계산

끝

수학의 마술사 **차길영** 지음

6

초등수학
3 학년 과정

넥서스에듀

혹시 여러분, 이런 학생은 아닌가요?

문제를 풀면 다 맞긴 하는데 시간이
너무 오래 걸려요.

한 자리 숫자는 자신이 있는데
숫자가 커지면 당황해요.

덧셈과 뺄셈은 어렵지 않은데
곱셈과 나눗셈은 무서워요.

계산할 때 자꾸
손가락을 써요.

문제는 빨리 푸는데
채점하면 비가 내려요.

이제 계산 끝이면, 실수 끝! 오답 끝! 걱정 끝!

왜 〈한 권으로 계산 끝〉으로 시작해야 하나요?

수학의 기본은 계산입니다.

계산력이 약한 학생들은 잦은 실수와 문제풀이 시간 부족으로 수학에 대한 흥미를 잃으며 수학을 점점 멀리하게 되는 것이 현실입니다. 따라서 차근차근 계단을 오르듯 수학의 기본이 되는 계산력부터 길러야 합니다. 이러한 계산력은 매일 규칙적으로 꾸준히 학습하는 것이 중요합니다. '창의성'이나 '사고력 및 논리력'은 수학의 기본인 계산력이 뒷받침이 된 다음에 얘기할 수 있는 것입니다. 우리는 '창의성' 또는 '사고력'을 너무나 동경한 나머지 수학의 기본인 '계산'과 '암기'를 소홀히 생각합니다. 그러나 번뜩이는 문제 해결력이나 아이디어, 창의성은 수없이 반복되어 온 암기 훈련 및 꾸준한 학습을 통해 쌓인 지식에 근거한다는 점을 절대 잊으면 안 됩니다.

수학은 일찍 시작해야 합니다.

초등학교 수학 과정은 기초 계산력을 완성시키는 단계입니다. 특히 저학년 때 연산이 차지하는 비율은 전체의 70~80%나 됩니다. 수학 성적의 차이는 머리가 아니라 수학을 얼마나 일찍 시작하느냐에 달려 있습니다. 머리가 좋은 학생이 수학을 잘 하는 것이 아니라 수학을 열심히 공부하는 학생이 머리가 좋아지는 것이죠. 수학이 싫고 어렵다고 어렸을 때부터 수학을 멀리하게 되면 중학교, 고등학교에 올라가서는 수학을 포기하게 됩니다. 수학은 어느 정도 수준에 오르기까지 많은 시간이 필요한 과목이기 때문에 비교적 여유가 있는 초등학교 때 수학의 기본을 다져놓는 것이 중요합니다.

혹시 수학 성적이 걱정되고 불안하신가요?

그렇다면 수학의 기본이 되는 계산력부터 키워주세요. 하루 10~20분씩 꾸준히 계산력을 키우게 되면 티끌 모아 태산이 되듯 수학의 기초가 튼튼해지고 수학이 재미있어질 것입니다. 어떤 문제든 기초 계산 능력이 뒷받침되어 있지 않으면 해결할 수 없습니다.
〈한 권으로 계산 끝〉 시리즈로 수학의 재미를 키워보세요. 여러분은 모두 '수학 천재'가 될 수 있습니다. 화이팅!

수학의 마술사 차길영

구성 및 특징

01

계산 원리 학습

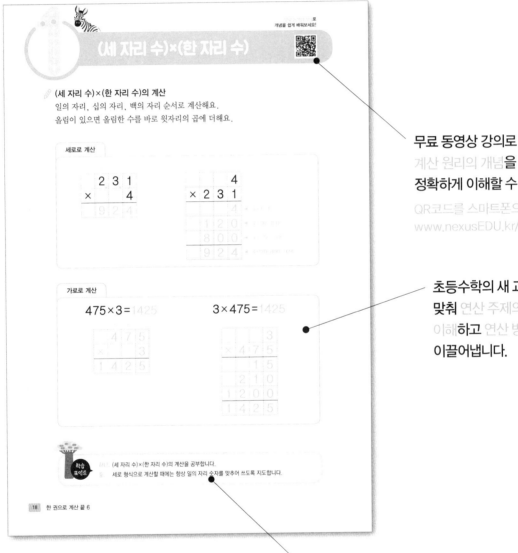

무료 동영상 강의로
계산 원리의 개념을 쉽고
정확하게 이해할 수 있습니다.

QR코드를 스마트폰으로 찍거나
www.nexusEDU.kr/math 접속

초등수학의 새 교육과정에
맞춰 연산 주제의 원리를
이해하고 연산 방법을
이끌어냅니다.

계산 원리의 학습 포인트를
통해 연산의 기초 개념 정리를
한 번에 끝낼 수 있습니다.

02 계산력 학습 및 완성

자신의 진도 목표에 따라 하루에 적당한 분량을 정해 학습합니다.
문제를 풀 때 걸리는 시간을 정확히 측정하고 기록해 보세요.
계산력 향상 Up! Up! Up!

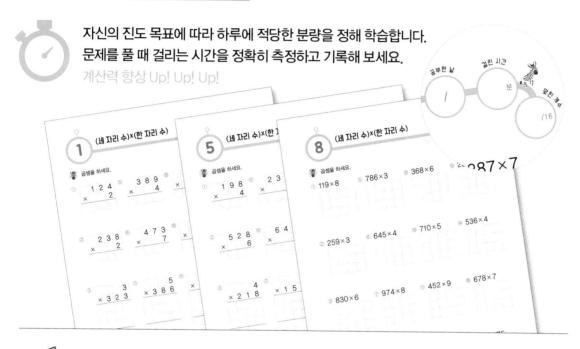

03 실력 체크

교재의 중간과 마지막에 나오는 실력 체크 문제로,
앞서 배운 4개의 강의 내용을 복습하고 다시 한 번
실력을 탄탄하게 점검할 수 있습니다.

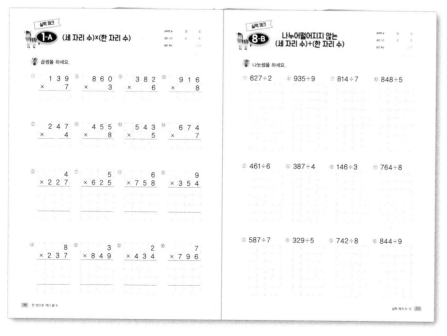

'한 권으로 계산 끝'만의 차별화된 서비스

✅ 스마트폰으로 QR코드를 찍으면 이 모든 것이 가능해요!

1 모바일 진단평가

과연 내 연산 실력은 어떤 레벨일까요?
진단평가로 현재 실력을 확인하고
알맞은 레벨을 선택할 수 있어요.

2 무료 동영상 강의

눈에 쏙! 귀에 쏙! 들어오는 개념
설명 강의를 보면, 문제의 답이
쉽게 보인답니다.

3

자신의 문제풀이 속도를
측정하고 '걸린 시간'을
기록하는 습관은
계산 끝판왕이 되는
필수 요소예요.

각 권마다 추가로
제공되는 문제로
속도력 + 정확성을
키우세요!

4 마무리 평가

온라인에서 제공하는 별도 추가 종합
문제를 통해 학습한 내용을 복습하고
최종 실력을 확인할 수 있어요.

✅ 스마트폰이 없어도 걱정 마세요!
넥서스에듀 홈페이지로 들어오세요.

※ 진단평가, 마무리 평가의 종합문제 및 추가 문제는
홈페이지에서 다운로드 → 프린트해서 쓸 수 있어요.

www.nexusEDU.kr/math

6 자연수의 곱셈과 나눗셈 중급

초등수학
3학년 과정

Special Lesson 기본 개념 알고 가기 1~2   14

1 (세 자리 수)×(한 자리 수)   18

2 (몇십)×(몇십), (몇십)×(몇십몇)   27

3 (몇십몇)×(몇십), (몇십몇)×(몇십몇)   36

Special Lesson 기본 개념 알고 가기 3   45

4 내림이 없는 (몇십몇)÷(몇)   48

실력 체크 중간 점검 1~4   58

5 내림이 있는 (몇십몇)÷(몇)   66

6 나누어떨어지지 않는 (몇십몇)÷(몇)   75

7 나누어떨어지는 (세 자리 수)÷(한 자리 수)   84

8 나누어떨어지지 않는 (세 자리 수)÷(한 자리 수)   93

실력 체크 최종 점검 5~8   104

● 정답지

한 권으로 계산 끝 학습계획표

✓ **하루하루 끝내기로 한 학습 분량을 마치고 학습계획표를 체크해 보세요!**

2주 / 4주 / 8주 완성 학습 목표를 정한 뒤에 매일매일 체크해 보세요.
스스로 공부하는 습관이 길러지고, 수학의 기초 실력인 연산력+계산력이 쑥쑥 향상됩니다.

2주 완성

1주

1일	2일	3일	4일	5일
1강의 1~8	2강의 1~8	3강의 1~8	4강의 1~8	실력체크 중간 점검
✓	완료	반복	완료	완료

2주

6일	7일	8일	9일	10일
5강의 1~8	6강의 1~8	7강의 1~8	8강의 1~8	실력체크 최종 점검
완료	완료	완료	완료	완료

4주 완성

1주

1일 · · · **2일** · · · **3일** · · · **4일** · · · **5일**

1일	2일	3일	4일	5일
1강의 **1~4** 완료	**1강의** **5~8** 완료	**2강의** **1~4** 완료	**2강의** **5~8** 완료	**3강의** **1~4** 완료

2주

6일 · · · **7일** · · · **8일** · · · **9일** · · · **10일**

6일	7일	8일	9일	10일
3강의 **5~8** 완료	**4강의** **1~4** 완료	**4강의** **5~8** 완료	**실력체크** 중간 점검 **1~2** 완료	**실력체크** 중간 점검 **3~4** 완료

3주

11일 · · · **12일** · · · **13일** · · · **14일** · · · **15일**

11일	12일	13일	14일	15일
5강의 **1~4** 완료	**5강의** **5~8** 완료	**6강의** **1~4** 완료	**6강의** **5~8** 완료	**7강의** **1~4** 완료

4주

16일 · · · **17일** · · · **18일** · · · **19일** · · · **20일**

16일	17일	18일	19일	20일
7강의 **5~8** 완료	**8강의** **1~4** 완료	**8강의** **5~8** 완료	**실력체크** 최종 점검 **5~6** 완료	**실력체크** 최종 점검 **7~8** 완료

한 권으로 계산 끝 학습계획표

Study Plans

8주 완성

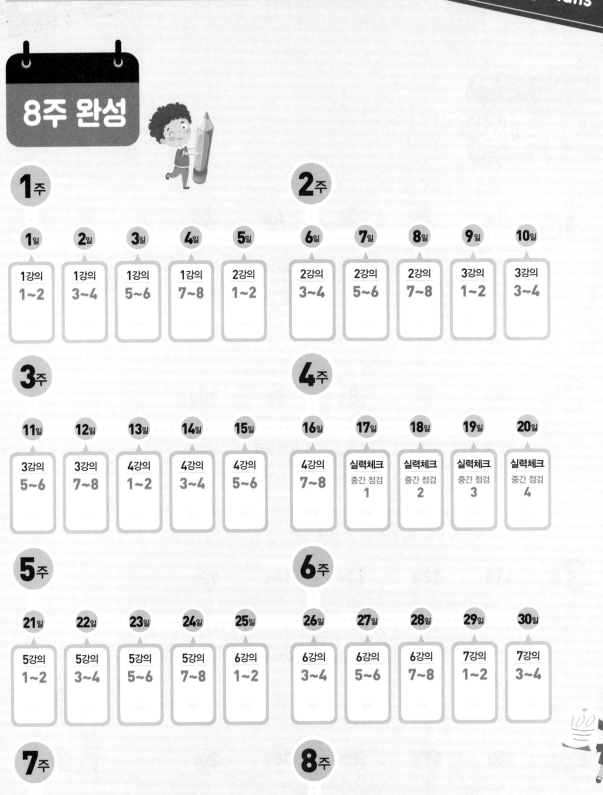

1주

1일	2일	3일	4일	5일
1강의 1~2	1강의 3~4	1강의 5~6	1강의 7~8	2강의 1~2

2주

6일	7일	8일	9일	10일
2강의 3~4	2강의 5~6	2강의 7~8	3강의 1~2	3강의 3~4

3주

11일	12일	13일	14일	15일
3강의 5~6	3강의 7~8	4강의 1~2	4강의 3~4	4강의 5~6

4주

16일	17일	18일	19일	20일
4강의 7~8	실력체크 중간 점검 1	실력체크 중간 점검 2	실력체크 중간 점검 3	실력체크 중간 점검 4

5주

21일	22일	23일	24일	25일
5강의 1~2	5강의 3~4	5강의 5~6	5강의 7~8	6강의 1~2

6주

26일	27일	28일	29일	30일
6강의 3~4	6강의 5~6	6강의 7~8	7강의 1~2	7강의 3~4

7주

31일	32일	33일	34일	35일
7강의 5~6	7강의 7~8	8강의 1~2	8강의 3~4	8강의 5~6

8주

36일	37일	38일	39일	40일
8강의 7~8	실력체크 최종 점검 5	실력체크 최종 점검 6	실력체크 최종 점검 7	실력체크 최종 점검 8

자연수의
곱셈과 나눗셈
중급

3학년 과정

기본 개념 알고 가기 1

✏️ (몇백)×(몇)과 (몇)×(몇백)의 계산

• 가로로 계산하기

　(몇)×(몇)을 계산한 후 0을 곱의 뒤에 2개 붙여 써요.

가로로 계산

0이 2개

$$200 \times 3 = 600$$

$2 \times 3 = 6$

0이 2개

$$4 \times 600 = 2400$$

$4 \times 6 = 24$

• 세로로 계산하기

　(몇)×(몇)을 계산해서 백의 자리에 쓰고, 십의 자리와 일의 자리에 0을 써요.
　이때 (몇)×(몇)의 곱에서 올림이 있으면 올림한 수를 천의 자리에 써요.

세로로 계산

```
    2 0 0
×       3
─────────
    6 0 0
```

```
        4
×   6 0 0
─────────
  2 4 0 0
```

학습 포인트

하나. (몇백)×(몇)과 (몇)×(몇백)의 계산을 공부합니다.

둘. (몇백)×(몇)의 계산 원리는 (몇십)×(몇)의 계산 원리와 같다는 것을 이해합니다.

셋. 곱해지는 수 또는 곱하는 수의 0의 개수만큼 곱의 뒤에 0을 붙여 쓴다는 것을 이해합니다.

기본 개념 알고 가기 1

정답: p.2

 곱셈을 하세요.

① $100 \times 4 =$
 1×4

⑥ $2 \times 500 =$
 2×5

⑪ $700 \times 2 =$
 7×2

② $100 \times 5 =$

⑦ $2 \times 600 =$

⑫ $800 \times 2 =$

③ $200 \times 8 =$

⑧ $3 \times 300 =$

⑬ $800 \times 8 =$

④ $300 \times 6 =$

⑨ $3 \times 400 =$

⑭ $900 \times 2 =$

⑤ $300 \times 9 =$

⑩ $3 \times 700 =$

⑮ $900 \times 9 =$

 곱셈을 하세요.

⑯ 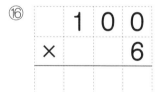　⑲ 　㉒ 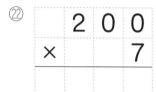　㉕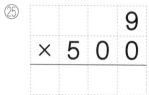

⑰
$$\begin{array}{r} 3 \\ \times\ 5\ 0\ 0 \\ \hline \end{array}$$
　⑳ 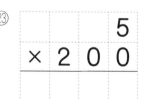　㉓ 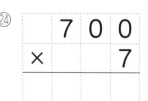　㉖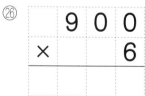

⑱
$$\begin{array}{r} 3\ 0\ 0 \\ \times\ \ \ \ \ 4 \\ \hline \end{array}$$
　㉑
$$\begin{array}{r} 2 \\ \times\ 4\ 0\ 0 \\ \hline \end{array}$$
　㉔
$$\begin{array}{r} 7\ 0\ 0 \\ \times\ \ \ \ \ 7 \\ \hline \end{array}$$
　㉗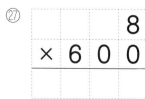

기본 개념 알고 가기 2

✏️ (몇)×(몇십몇)의 계산

일의 자리, 십의 자리 순서로 계산해요.

올림이 있으면 올림한 수를 바로 윗자리의 곱에 더해요.

세로로 계산

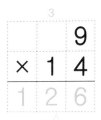

올림한 수를 바로 윗자리에 작게 써두어 빠트리지 않도록 해요.

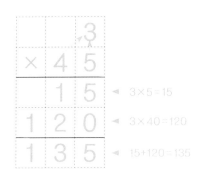

◀ 3×5=15

◀ 3×40=120

◀ 15+120=135

가로로 계산

$8 \times 13 = 104$ $7 \times 26 = 182$

```
        8
    × 1 3
    1 0 4
```

```
        7
    × 2 6
      4 2
    1 4 0
    1 8 2
```

학습 포인트

하나. (몇)×(몇십몇)의 계산을 공부합니다.

둘.   세로 형식으로 계산할 때에는 항상 일의 자리 숫자를 맞추어 쓰도록 합니다.

Special Lesson 기본 개념 알고 가기 2

공부한 날 /
걸린 시간 분
맞힌 개수 /16

정답: p.2

 곱셈을 하세요.

①
```
        5
×   2   4
```

③
```
        3
×   4   5
```

⑤
```
        2
×   7   6
```

⑦
```
        4
×   5   6
```

②
```
        6
×   2   6
```

④
```
        8
×   5   2
```

⑥
```
        9
×   5   4
```

⑧
```
        5
×   8   7
```

 곱셈을 하세요.

⑨ 8×67

⑪ 6×38

⑬ 4×78

⑮ 7×73

⑩ 6×69

⑫ 9×79

⑭ 7×58

⑯ 3×68

(세 자리 수)×(한 자리 수)

✏️ (세 자리 수)×(한 자리 수)의 계산

일의 자리, 십의 자리, 백의 자리 순서로 계산해요.
올림이 있으면 올림한 수를 바로 윗자리의 곱에 더해요.

세로로 계산

```
    1
    2 3 1
  ×     4
    9 2 4
```

```
        4
  × 2 3 1
        4     ◀ 4×1=4
    1 2 0     ◀ 4×30=120
    8 0 0     ◀ 4×200=800
    9 2 4     ◀ 4+120+800=924
```

가로로 계산

$$475 \times 3 = 1425$$

```
      2 1
      4 7 5
  ×       3
    1 4 2 5
```

$$3 \times 475 = 1425$$

```
          3
  ×   4 7 5
          1 5
        2 1 0
    1 2 0 0
    1 4 2 5
```

학습 포인트

하나. (세 자리 수)×(한 자리 수)의 계산을 공부합니다.

둘. 세로 형식으로 계산할 때에는 항상 일의 자리 숫자를 맞추어 쓰도록 지도합니다.

🦓 곱셈을 하세요.

①
```
    1 2 4
×       2
```

⑤
```
    3 8 9
×       4
```

⑨
```
    6 2 6
×       6
```

⑬
```
    8 6 5
×       5
```

②
```
    2 3 8
×       2
```

⑥
```
    4 7 3
×       7
```

⑩
```
    7 5 4
×       2
```

⑭
```
    9 4 2
×       4
```

③
```
          3
×   3 2 3
```

⑦
```
          5
×   3 8 6
```

⑪
```
          6
×   8 2 7
```

⑮
```
          8
×   5 3 4
```

④
```
          4
×   2 3 7
```

⑧
```
          5
×   5 1 4
```

⑫
```
          7
×   4 4 3
```

⑯
```
          9
×   7 9 5
```

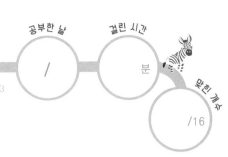

 곱셈을 하세요.

① 683×4

⑤ 156×6

⑨ 672×2

⑬ 890×2

② 924×7

⑥ 202×4

⑩ 565×3

⑭ 394×3

③ 344×2

⑦ 589×5

⑪ 439×4

⑮ 726×8

④ 8×742

⑧ 7×197

⑫ 9×361

⑯ 8×579

3 (세 자리 수)×(한 자리 수)

정답: p.3

공부한 날 /
걸린 시간 분
맞힌 개수 /16

곱셈을 하세요.

①
```
    1 8 0
  ×     4
```

②
```
    2 4 7
  ×     3
```

③
```
        2
  × 2 5 6
```

④
```
        3
  × 1 4 2
```

⑤
```
    3 5 3
  ×     7
```

⑥
```
    4 4 5
  ×     3
```

⑦
```
        4
  × 4 2 5
```

⑧
```
        6
  × 1 7 7
```

⑨
```
    5 2 4
  ×     3
```

⑩
```
    6 3 9
  ×     5
```

⑪
```
        6
  × 4 2 9
```

⑫
```
        7
  × 6 9 3
```

⑬
```
    8 7 6
  ×     2
```

⑭
```
    9 0 9
  ×     4
```

⑮
```
        8
  × 5 6 8
```

⑯
```
        8
  × 7 1 8
```

4 (세 자리 수)×(한 자리 수)

공부한 날 /
걸린 시간 분
맞힌 개수 /16

정답: p.3

곱셈을 하세요.

① 248×4

⑤ 369×5

⑨ 423×2

⑬ 519×3

② 736×8

⑥ 128×7

⑩ 964×7

⑭ 582×4

③ 935×5

⑦ 751×4

⑪ 667×2

⑮ 840×3

④ 7×283

⑧ 9×406

⑫ 9×164

⑯ 7×458

5 (세 자리 수)×(한 자리 수)

곱셈을 하세요.

①
```
    1 9 8
  ×     4
```

⑤
```
    2 3 6
  ×     3
```

⑨
```
    2 6 9
  ×     5
```

⑬
```
    4 7 3
  ×     8
```

②
```
    5 2 8
  ×     6
```

⑥
```
    6 4 7
  ×     2
```

⑩
```
    7 8 5
  ×     4
```

⑭
```
    8 0 2
  ×     6
```

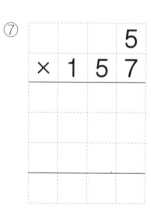

③
```
        4
  × 2 1 8
```

⑦
```
        5
  × 1 5 7
```

⑪
```
        5
  × 8 9 4
```

⑮
```
        6
  × 4 4 2
```

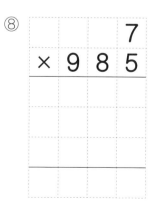

④
```
        7
  × 5 6 3
```

⑧
```
        7
  × 9 8 5
```

⑫
```
        8
  × 3 1 0
```

⑯
```
        9
  × 6 3 6
```

정답: p.3

공부한 날 /

걸린 시간 분

맞힌 개수 /16

곱셈을 하세요.

① 476×2

⑤ 685×8

⑨ 820×3

⑬ 738×4

② 249×4

⑥ 853×7

⑩ 967×5

⑭ 564×7

③ 932×3

⑦ 769×5

⑪ 592×6

⑮ 627×9

④ 8×347

⑧ 5×371

⑫ 9×184

⑯ 7×453

7 (세 자리 수)×(한 자리 수)

 곱셈을 하세요.

①
```
    2 8 6
  ×     3
```

⑤
```
    3 0 2
  ×     3
```

⑨
```
    3 7 2
  ×     8
```

⑬
```
    4 5 9
  ×     6
```

②
```
    5 4 7
  ×     4
```

⑥
```
    5 8 3
  ×     5
```

⑩
```
    7 6 8
  ×     7
```

⑭
```
    8 8 6
  ×     9
```

③
```
        4
  × 1 3 2
```

⑦
```
        4
  × 7 1 5
```

⑪
```
        6
  × 8 2 9
```

⑮
```
        7
  × 3 9 7
```

④
```
        7
  × 4 3 8
```

⑧
```
        8
  × 6 2 3
```

⑫
```
        9
  × 5 1 1
```

⑯
```
        9
  × 9 4 9
```

8 (세 자리 수)×(한 자리 수)

공부한 날
/

걸린 시간
분

맞힌 개수
/16

정답: p.3

 곱셈을 하세요.

① 119×8

⑤ 786×3

⑨ 368×6

⑬ 287×7

② 259×3

⑥ 645×4

⑩ 710×5

⑭ 536×4

③ 830×6

⑦ 974×8

⑪ 452×9

⑮ 678×7

④ 9×706

⑧ 8×392

⑫ 6×864

⑯ 8×475

② (몇십)×(몇십), (몇십)×(몇십몇)

✏️ (몇십)×(몇십)의 계산
(몇)×(몇)을 계산한 후 0을 곱의 뒤에 2개 붙여 써요.

✏️ (몇십)×(몇십몇)의 계산
(몇십)×(몇)과 (몇십)×(몇십)을 각각 계산한 후 두 곱의 결과를 더해요.

세로로 계산

$$\begin{array}{r} 2\;0 \\ \times\;4\;0 \\ \hline 8\;0\;0 \end{array}$$

$$\begin{array}{r} 2\;0 \\ \times\;3\;6 \\ \hline 1\;2\;0 \\ 6\;0\;0 \\ \hline 7\;2\;0 \end{array}$$

◀ 20×6=120
◀ 20×30=600
◀ 120+600=720

가로로 계산

$$50 \times 30 = 1500$$

$$\begin{array}{r} 5\;0 \\ \times\;3\;0 \\ \hline 1\;5\;0\;0 \end{array}$$

$$40 \times 73 = 2920$$

$$\begin{array}{r} 4\;0 \\ \times\;7\;3 \\ \hline 1\;2\;0 \\ 2\;8\;0\;0 \\ \hline 2\;9\;2\;0 \end{array}$$

학습 포인트

하나. (몇십)×(몇십)과 (몇십)×(몇십몇)의 계산을 공부합니다.

둘. 가로 형식을 세로 형식으로 옮겨 적어 계산할 수 있도록 지도합니다.

1 (몇십)×(몇십), (몇십)×(몇십몇)

공부한 날

/

걸린 시간

분

맞힌 개수

/16

정답: p.4

곱셈을 하세요.

①
```
      2 0
  ×   1 0
```

⑤
```
      4 0
  ×   7 0
```

⑨
```
      6 0
  ×   8 0
```

⑬
```
      8 0
  ×   4 0
```

②
```
      3 0
  ×   5 0
```

⑥
```
      5 0
  ×   6 0
```

⑩
```
      7 0
  ×   3 0
```

⑭
```
      9 0
  ×   2 0
```

③
```
      1 0
  ×   2 3
```

⑦
```
      3 0
  ×   9 4
```

⑪
```
      5 0
  ×   7 2
```

⑮
```
      7 0
  ×   6 7
```

④
```
      2 0
  ×   4 6
```

⑧
```
      4 0
  ×   5 7
```

⑫
```
      6 0
  ×   8 9
```

⑯
```
      8 0
  ×   3 2
```

2

(몇십)×(몇십), (몇십)×(몇십몇)

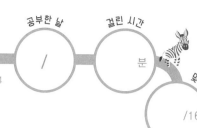
정답: p.4

 곱셈을 하세요.

① 30×90

② 10×37

③ 20×14

④ 70×26

⑤ 60×20

⑥ 40×38

⑦ 50×35

⑧ 40×83

⑨ 10×70

⑩ 30×42

⑪ 70×73

⑫ 60×51

⑬ 80×50

⑭ 50×92

⑮ 20×68

⑯ 90×78

3 (몇십)×(몇십), (몇십)×(몇십몇)

공부한 날

/

걸린 시간

분

맞힌 개수

/16

정답: p.4

곱셈을 하세요.

①
```
      2 0
  ×   6 0
```

②
```
      3 0
  ×   3 0
```

③
```
      2 0
  ×   4 9
```

④
```
      3 0
  ×   8 9
```

⑤
```
      4 0
  ×   5 0
```

⑥
```
      5 0
  ×   8 0
```

⑦
```
      4 0
  ×   3 5
```

⑧
```
      5 0
  ×   5 2
```

⑨
```
      6 0
  ×   9 0
```

⑩
```
      7 0
  ×   2 0
```

⑪
```
      6 0
  ×   1 3
```

⑫
```
      7 0
  ×   2 6
```

⑬
```
      8 0
  ×   7 0
```

⑭
```
      9 0
  ×   4 0
```

⑮
```
      8 0
  ×   6 4
```

⑯
```
      9 0
  ×   9 7
```

4 (몇십)×(몇십), (몇십)×(몇십몇)

정답: p.4

 곱셈을 하세요.

① 40×20

⑤ 70×80

⑨ 50×90

⑬ 90×30

② 20×36

⑥ 40×78

⑩ 30×27

⑭ 40×59

③ 50×69

⑦ 80×24

⑪ 60×37

⑮ 70×42

④ 60×98

⑧ 70×53

⑫ 50×88

⑯ 90×83

5

(몇십)×(몇십), (몇십)×(몇십몇)

공부한 날

/

걸린 시간

분

맞힌 개수

/16

정답: p.4

🐃 곱셈을 하세요.

①
```
    2 0
×   8 0
```

⑤
```
    3 0
×   4 0
```

⑨
```
    4 0
×   9 0
```

⑬
```
    5 0
×   4 0
```

②
```
    6 0
×   6 0
```

⑥
```
    7 0
×   5 0
```

⑩
```
    8 0
×   3 0
```

⑭
```
    9 0
×   7 0
```

③
```
    1 0
×   7 4
```

⑦
```
    2 0
×   2 9
```

⑪
```
    3 0
×   8 2
```

⑮
```
    4 0
×   6 5
```

④
```
    5 0
×   4 7
```

⑧
```
    7 0
×   3 8
```

⑫
```
    8 0
×   9 3
```

⑯
```
    9 0
×   5 6
```

6 (몇십)×(몇십), (몇십)×(몇십몇)

정답: p.4

 곱셈을 하세요.

① 20×30

⑤ 70×60

⑨ 80×90

⑬ 50×50

② 70×89

⑥ 10×92

⑩ 60×42

⑭ 30×48

③ 20×39

⑦ 80×75

⑪ 70×64

⑮ 40×23

④ 80×56

⑧ 50×67

⑫ 30×75

⑯ 90×32

7

(몇십)×(몇십), (몇십)×(몇십몇)

공부한 날
/

걸린 시간
분

맞힌 개수
/16

정답: p.4

🦓 곱셈을 하세요.

①
```
    2 0
×   9 0
```

⑤
```
    3 0
×   8 0
```

⑨
```
    4 0
×   3 0
```

⑬
```
    5 0
×   7 0
```

②
```
    6 0
×   5 0
```

⑥
```
    7 0
×   4 0
```

⑩
```
    8 0
×   2 0
```

⑭
```
    9 0
×   6 0
```

③
```
    2 0
×   7 6
```

⑦
```
    3 0
×   2 4
```

⑪
```
    4 0
×   9 7
```

⑮
```
    5 0
×   7 3
```

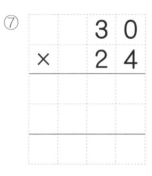
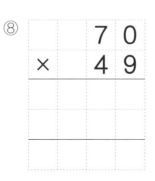
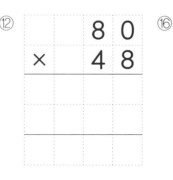

④
```
    6 0
×   6 5
```

⑧
```
    7 0
×   4 9
```

⑫
```
    8 0
×   4 8
```

⑯
```
    9 0
×   5 2
```

 곱셈을 하세요.

① 30×60

⑤ 60×70

⑨ 40×80

⑬ 90×10

② 20×57

⑥ 50×75

⑩ 80×63

⑭ 70×41

③ 90×76

⑦ 90×94

⑪ 70×25

⑮ 60×56

④ 80×37

⑧ 10×43

⑫ 30×64

⑯ 60×89

(몇십몇)×(몇십), (몇십몇)×(몇십몇)

✏️ **(몇십몇)×(몇십)의 계산**

(몇십몇)×(몇)을 계산한 후 0을 곱의 뒤에 1개 붙여 써요.

✏️ **(몇십몇)×(몇십몇)의 계산**

(몇십몇)×(몇)과 (몇십몇)×(몇십)을 각각 계산한 후 두 곱의 결과를 더해요.

세로로 계산

```
      1
      4 5
  ×   3 0
  1 3 5 0
```

올림한 수를 바로 윗자리에
작게 써두어 빠트리지 않도록
해요.

```
      2 7
  ×   4 3
      8 1     ◀ 27×3=81
  1 0 8 0     ◀ 27×40=1080
  1 1 6 1     ◀ 81+1080=1161
```

가로로 계산

$13 \times 20 = 260$

```
      1 3
  ×   2 0
  2 6 0
```

$62 \times 79 = 4898$

```
      6 2
  ×   7 9
    5 5 8
  4 3 4 0
  4 8 9 8
```

학습 포인트

하나. (몇십몇)×(몇십)과 (몇십몇)×(몇십몇)의 계산을 공부합니다.

둘. 곱셈 과정에서 올림이 있으면 바로 윗자리에 작게 써두어 올림한 수를 빠트리지 않도록
지도합니다.

1 (몇십몇)×(몇십), (몇십몇)×(몇십몇)

공부한 날
/

걸린 시간
분

맞힌 개수
/16

정답: p.5

🦓 곱셈을 하세요.

①
```
      2 1
  ×   4 0
```

⑤
```
      3 4
  ×   6 0
```

⑨
```
      5 6
  ×   7 0
```

⑬
```
      7 2
  ×   5 0
```

②
```
      1 9
  ×   4 7
```

⑥
```
      3 8
  ×   8 8
```

⑩
```
      5 3
  ×   1 7
```

⑭
```
      7 6
  ×   1 9
```

③
```
      2 7
  ×   9 8
```

⑦
```
      4 3
  ×   5 6
```

⑪
```
      6 3
  ×   4 9
```

⑮
```
      8 2
  ×   6 4
```

④
```
      2 8
  ×   4 6
```

⑧
```
      4 7
  ×   9 2
```

⑫
```
      6 9
  ×   8 4
```

⑯
```
      9 4
  ×   2 3
```

3. (몇십몇)×(몇십), (몇십몇)×(몇십몇)   37

공부한 날
/

걸린 시간
분

맞힌 개수
/16

정답: p.5

 곱셈을 하세요.

① 23×30

⑤ 64×80

⑨ 96×20

⑬ 87×90

② 39×55

⑥ 59×94

⑩ 48×84

⑭ 76×42

③ 97×36

⑦ 17×54

⑪ 57×37

⑮ 62×35

④ 29×62

⑧ 42×68

⑫ 35×24

⑯ 28×82

🦓 곱셈을 하세요.

①
```
    1 5
  × 8 0
```

⑤
```
    3 6
  × 4 0
```

⑨
```
    4 2
  × 3 0
```

⑬
```
    5 8
  × 6 0
```

②
```
    1 8
  × 7 6
```

⑥
```
    4 1
  × 8 7
```

⑩
```
    6 3
  × 6 9
```

⑭
```
    8 3
  × 2 4
```

③
```
    2 3
  × 5 3
```

⑦
```
    4 6
  × 2 3
```

⑪
```
    6 5
  × 3 8
```

⑮
```
    8 9
  × 7 4
```

④
```
    2 4
  × 7 8
```

⑧
```
    5 2
  × 7 4
```

⑫
```
    7 1
  × 3 9
```

⑯
```
    9 7
  × 5 3
```

4 (몇십몇)×(몇십), (몇십몇)×(몇십몇)

 곱셈을 하세요.

① 91×90

⑤ 68×70

⑨ 49×50

⑬ 87×20

② 52×95

⑥ 63×47

⑩ 26×78

⑭ 67×93

③ 34×67

⑦ 84×39

⑪ 13×92

⑮ 39×51

④ 19×56

⑧ 29×83

⑫ 57×76

⑯ 98×42

5

(몇십몇)×(몇십), (몇십몇)×(몇십몇)

공부한 날

걸린 시간

/

분

맞힌 개수

/16

정답: p.5

 곱셈을 하세요.

①
```
    2 2
  ×  8 0
```

⑤
```
    4 5
  ×  2 0
```

⑨
```
    6 8
  ×  9 0
```

⑬
```
    7 9
  ×  3 0
```

②
```
    3 2
  ×  7 4
```

⑥
```
    3 8
  ×  4 6
```

⑩
```
    4 7
  ×  8 3
```

⑭
```
    5 3
  ×  2 8
```

③
```
    5 6
  ×  3 5
```

⑦
```
    6 4
  ×  9 7
```

⑪
```
    6 9
  ×  5 8
```

⑮
```
    7 4
  ×  1 8
```

④
```
    7 6
  ×  4 6
```

⑧
```
    8 2
  ×  1 9
```

⑫
```
    8 7
  ×  6 2
```

⑯
```
    9 6
  ×  4 3
```

6 (몇십몇)×(몇십), (몇십몇)×(몇십몇)

공부한 날
/

걸린 시간
분

맞힌 개수
/16

정답: p.5

🦓 곱셈을 하세요.

① 17×40

⑤ 67×50

⑨ 92×70

⑬ 49×60

② 35×48

⑥ 25×64

⑩ 72×94

⑭ 53×39

③ 69×34

⑦ 46×29

⑪ 84×27

⑮ 87×42

④ 78×51

⑧ 32×97

⑫ 49×56

⑯ 93×88

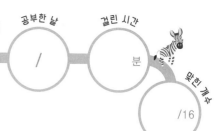
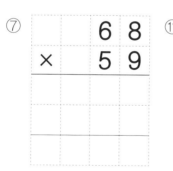 곱셈을 하세요.

①
```
      1 6
×     5 0
```

⑤
```
      3 1
×     7 0
```

⑨
```
      6 9
×     9 0
```

⑬
```
      7 9
×     2 0
```

②
```
      3 6
×     8 2
```

⑥
```
      4 5
×     7 5
```

⑩
```
      5 1
×     2 8
```

⑭
```
      5 4
×     6 6
```

③
```
      6 7
×     1 8
```

⑦
```
      6 8
×     5 9
```

⑪
```
      7 3
×     2 4
```

⑮
```
      7 9
×     3 7
```

④
```
      8 6
×     1 7
```

⑧
```
      8 9
×     8 3
```

⑫
```
      9 2
×     6 8
```

⑯
```
      9 9
×     2 5
```

8 (몇십몇)×(몇십), (몇십몇)×(몇십몇)

공부한 날
/

걸린 시간
분

맞힌 개수
/16

정답: p.5

 곱셈을 하세요.

① 75×80

② 46×92

③ 67×56

④ 27×64

⑤ 84×40

⑥ 54×83

⑦ 38×57

⑧ 91×82

⑨ 95×30

⑩ 97×48

⑪ 22×79

⑫ 84×28

⑬ 47×60

⑭ 89×39

⑮ 72×44

⑯ 75×27

무료 동영상 강의로
개념을 쉽게 배워보세요!

기본 개념 알고 가기 3

✏️ **내림이 없는 (몇십)÷(몇), (몇백몇십)÷(몇)의 계산**

나누어지는 수의 일의 자리 숫자 0은 없는 것으로 생각하여 나눗셈을 한 다음 몫의
뒤에 0을 붙여 써요.

가로로 계산

$40 \div 4 = 10$

$4 \div 4 = 1$

$160 \div 2 = 80$

$16 \div 2 = 8$

세로로 계산

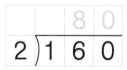

학습 포인트

하나. 내림이 없는 (몇십)÷(몇), (몇백몇십)÷(몇)의 계산을 공부합니다.

둘. 나누어지는 수의 일의 자리 숫자 0은 없는 것으로 생각하여 나눗셈을 한 다음,
몫의 뒤에 0을 빠트리지 않고 쓰도록 합니다.

셋. 나누는 수가 같을 때 나누어지는 수를 10배하면 몫도 10배가 되는 것을 이해합니다.

Special Lesson

기본 개념 알고 가기 3

공부한 날   걸린 시간

/   분

맞힌 개수

/30

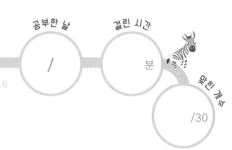

정답: p.6

 나눗셈을 하세요.

① 30÷3 =
3÷3

② 40÷2 =

③ 60÷2 =

④ 70÷7 =

⑤ 80÷4 =

⑥ 100÷5 =

⑦ 120÷2 =

⑧ 140÷7 =

⑨ 150÷3 =

⑩ 160÷4 =

⑪ 180÷2 =
18÷2

⑫ 180÷6 =

⑬ 210÷3 =

⑭ 240÷6 =

⑮ 240÷8 =

⑯ 250÷5 =

⑰ 270÷3 =

⑱ 280÷4 =

⑲ 280÷7 =

⑳ 300÷5 =

㉑ 320÷4 =
32÷4

㉒ 360÷9 =

㉓ 400÷8 =

㉔ 450÷5 =

㉕ 480÷6 =

㉖ 490÷7 =

㉗ 540÷9 =

㉘ 630÷7 =

㉙ 640÷8 =

㉚ 810÷9 =

기본 개념 알고 가기 3

공부한 날 /

걸린 시간 분

맞힌 개수 /20

정답: p.6

 나눗셈을 하세요.

① 7) 5 6 0

② 2) 1 0 0

③ 8) 3 2 0

④ 3) 6 0

⑤ 9) 1 8 0

⑥ 3) 2 4 0

⑦ 4) 1 2 0

⑧ 2) 2 0

⑨ 5) 2 0 0

⑩ 8) 1 6 0

⑪ 6) 4 2 0

⑫ 9) 7 2 0

⑬ 7) 3 5 0

⑭ 3) 9 0

⑮ 5) 4 5 0

⑯ 2) 1 4 0

⑰ 8) 4 8 0

⑱ 4) 3 6 0

⑲ 9) 6 3 0

⑳ 6) 5 4 0

내림이 없는 (몇십몇)÷(몇)

🖊 내림이 없는 (몇십몇)÷(몇)의 계산

• 가로로 계산하기

나누어지는 수의 십의 자리, 일의 자리 순서로 계산해요.

> **가로로 계산**
>
> $6 \div 2 = 3$
>
> $$26 \div 2 = 13$$
>
> $2 \div 2 = 1$

• 세로로 계산하기

나누어지는 수의 십의 자리, 일의 자리 순서로 계산하여 각 자리 위에 몫을 써요.

> **세로로 계산**
>
> $$2 \overline{)2\,6} = 13$$

하나. 내림이 없는 (몇십몇)÷(몇)의 계산을 공부합니다.

둘. 세로 형식으로 계산할 때에는 몫의 자리를 잘 맞추어 쓰도록 지도합니다.

1 내림이 없는 (몇십몇)÷(몇)

공부한 날

걸린 시간

/

분

맞힌 개수

/30

정답: p.6

 나눗셈을 하세요.

① $22 \div 2 =$

② $24 \div 2 =$

③ $28 \div 2 =$

④ $33 \div 3 =$

⑤ $36 \div 3 =$

⑥ $39 \div 3 =$

⑦ $42 \div 2 =$

⑧ $44 \div 2 =$

⑨ $44 \div 4 =$

⑩ $46 \div 2 =$

⑪ $48 \div 2 =$

⑫ $48 \div 4 =$

⑬ $55 \div 5 =$

⑭ $62 \div 2 =$

⑮ $63 \div 3 =$

⑯ $64 \div 2 =$

⑰ $66 \div 2 =$

⑱ $66 \div 3 =$

⑲ $66 \div 6 =$

⑳ $68 \div 2 =$

㉑ $69 \div 3 =$

㉒ $82 \div 2 =$

㉓ $84 \div 2 =$

㉔ $84 \div 4 =$

㉕ $86 \div 2 =$

㉖ $88 \div 4 =$

㉗ $88 \div 8 =$

㉘ $96 \div 3 =$

㉙ $99 \div 3 =$

㉚ $99 \div 9 =$

2 내림이 없는 (몇십몇)÷(몇)

 나눗셈을 하세요.

① 2) 2 6

② 2) 8 8

③ 2) 4 6

④ 2) 8 4

⑤ 3) 3 9

⑥ 4) 8 8

⑦ 2) 6 6

⑧ 7) 7 7

⑨ 2) 4 2

⑩ 3) 6 6

⑪ 2) 2 2

⑫ 3) 6 3

⑬ 2) 6 8

⑭ 2) 8 2

⑮ 3) 3 6

⑯ 4) 4 4

⑰ 2) 2 4

⑱ 3) 9 6

⑲ 2) 4 4

⑳ 9) 9 9

㉑ 2) 2 8

㉒ 5) 5 5

㉓ 2) 6 4

㉔ 3) 6 9

㉕ 4) 4 8

㉖ 3) 3 3

㉗ 2) 6 2

㉘ 3) 9 3

🦓 나눗셈을 하세요.

① $22 \div 2 =$

② $24 \div 2 =$

③ $26 \div 2 =$

④ $33 \div 3 =$

⑤ $36 \div 3 =$

⑥ $39 \div 3 =$

⑦ $42 \div 2 =$

⑧ $44 \div 2 =$

⑨ $44 \div 4 =$

⑩ $46 \div 2 =$

⑪ $48 \div 2 =$

⑫ $48 \div 4 =$

⑬ $55 \div 5 =$

⑭ $62 \div 2 =$

⑮ $63 \div 3 =$

⑯ $64 \div 2 =$

⑰ $66 \div 2 =$

⑱ $66 \div 6 =$

⑲ $68 \div 2 =$

⑳ $69 \div 3 =$

㉑ $77 \div 7 =$

㉒ $82 \div 2 =$

㉓ $84 \div 2 =$

㉔ $84 \div 4 =$

㉕ $86 \div 2 =$

㉖ $88 \div 2 =$

㉗ $88 \div 8 =$

㉘ $93 \div 3 =$

㉙ $99 \div 3 =$

㉚ $99 \div 9 =$

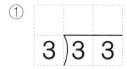 나눗셈을 하세요.

① 3) 3 3

⑧ 2) 6 2

⑮ 4) 8 4

㉒ 2) 2 8

② 2) 6 8

⑨ 3) 9 9

⑯ 2) 4 6

㉓ 7) 7 7

③ 9) 9 9

⑩ 2) 2 6

⑰ 4) 8 8

㉔ 3) 3 9

④ 2) 6 6

⑪ 2) 4 2

⑱ 2) 4 8

㉕ 2) 2 2

⑤ 5) 5 5

⑫ 2) 8 6

⑲ 2) 2 4

㉖ 3) 6 6

⑥ 4) 4 8

⑬ 3) 6 9

⑳ 6) 6 6

㉗ 2) 8 2

⑦ 2) 6 4

⑭ 8) 8 8

㉑ 3) 9 6

㉘ 2) 4 4

 나눗셈을 하세요.

① 24÷2 =

② 33÷3 =

③ 44÷2 =

④ 48÷2 =

⑤ 62÷2 =

⑥ 66÷3 =

⑦ 69÷3 =

⑧ 84÷2 =

⑨ 88÷2 =

⑩ 93÷3 =

⑪ 26÷2 =

⑫ 36÷3 =

⑬ 44÷4 =

⑭ 48÷4 =

⑮ 63÷3 =

⑯ 66÷6 =

⑰ 77÷7 =

⑱ 84÷4 =

⑲ 86÷2 =

⑳ 96÷3 =

㉑ 28÷2 =

㉒ 39÷3 =

㉓ 46÷2 =

㉔ 55÷5 =

㉕ 64÷2 =

㉖ 68÷2 =

㉗ 82÷2 =

㉘ 86÷2 =

㉙ 88÷8 =

㉚ 99÷9 =

6 내림이 없는 (몇십몇)÷(몇)

공부한 날
/

걸린 시간
분

맞힌 개수
/28

정답: p.7

 나눗셈을 하세요.

① 3)3 9

② 3)6 6

③ 2)8 4

④ 2)2 2

⑤ 2)6 4

⑥ 3)3 6

⑦ 4)4 4

⑧ 9)9 9

⑨ 2)4 4

⑩ 3)9 6

⑪ 2)8 2

⑫ 4)8 8

⑬ 3)6 9

⑭ 2)2 8

⑮ 4)4 8

⑯ 2)8 6

⑰ 8)8 8

⑱ 3)9 9

⑲ 6)6 6

⑳ 2)4 8

㉑ 3)9 3

㉒ 2)6 6

㉓ 5)5 5

㉔ 3)6 3

㉕ 2)8 8

㉖ 4)8 4

㉗ 2)2 6

㉘ 2)4 2

7 내림이 없는 (몇십몇)÷(몇)

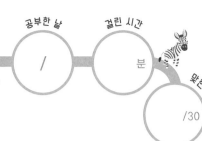

공부한 날
/

걸린 시간
분

맞힌 개수
/30

정답: p.7

🦓 나눗셈을 하세요.

① 22÷2 =

② 33÷3 =

③ 44÷2 =

④ 48÷2 =

⑤ 62÷2 =

⑥ 66÷3 =

⑦ 69÷3 =

⑧ 84÷4 =

⑨ 88÷4 =

⑩ 96÷3 =

⑪ 24÷2 =

⑫ 36÷3 =

⑬ 44÷4 =

⑭ 48÷4 =

⑮ 63÷3 =

⑯ 66÷6 =

⑰ 77÷7 =

⑱ 86÷2 =

⑲ 88÷8 =

⑳ 99÷3 =

㉑ 28÷2 =

㉒ 42÷2 =

㉓ 46÷2 =

㉔ 55÷5 =

㉕ 66÷2 =

㉖ 68÷2 =

㉗ 84÷2 =

㉘ 88÷2 =

㉙ 93÷3 =

㉚ 99÷9 =

🦓 나눗셈을 하세요.

① 2) 8 2

② 2) 6 8

③ 6) 6 6

④ 2) 6 4

⑤ 8) 8 8

⑥ 3) 9 6

⑦ 2) 4 4

⑧ 4) 8 8

⑨ 3) 3 3

⑩ 4) 4 8

⑪ 3) 6 3

⑫ 2) 8 4

⑬ 2) 6 6

⑭ 3) 9 9

⑮ 2) 6 2

⑯ 2) 2 4

⑰ 3) 3 9

⑱ 2) 2 2

⑲ 3) 6 6

⑳ 3) 3 6

㉑ 3) 9 3

㉒ 4) 4 4

㉓ 2) 4 2

㉔ 2) 8 8

㉕ 2) 4 6

㉖ 4) 8 4

㉗ 7) 7 7

㉘ 2) 2 6

실력 체크

중간 점검

1 (세 자리 수)×(한 자리 수)

2 (몇십)×(몇십), (몇십)×(몇십몇)

3 (몇십몇)×(몇십), (몇십몇)×(몇십몇)

4 내림이 없는 (몇십몇)÷(몇)

1-A (세 자리 수)×(한 자리 수)

공부한 날 　 월 　 일
걸린 시간 　 분 　 초
맞힌 개수 　 /16

정답: p.8

 곱셈을 하세요.

① 　 1 3 9
　× 　 　 7

⑤ 　 8 6 0
　× 　 　 3

⑨ 　 3 8 2
　× 　 　 6

⑬ 　 9 1 6
　× 　 　 8

② 　 2 4 7
　× 　 　 4

⑥ 　 4 5 5
　× 　 　 8

⑩ 　 5 4 3
　× 　 　 5

⑭ 　 6 7 4
　× 　 　 7

③ 　 　 　 4
　× 2 2 7

⑦ 　 　 　 5
　× 6 2 5

⑪ 　 　 　 6
　× 7 5 8

⑮ 　 　 　 9
　× 3 5 4

④ 　 　 　 8
　× 2 3 7

⑧ 　 　 　 3
　× 8 4 9

⑫ 　 　 　 2
　× 4 3 4

⑯ 　 　 　 7
　× 7 9 6

1-B (세 자리 수)×(한 자리 수)

 곱셈을 하세요.

① 289×3

④ 472×6

⑦ 336×7

⑩ 812×4

② 183×5

⑤ 764×3

⑧ 649×4

⑪ 998×7

③ 5×278

⑥ 9×953

⑨ 8×619

⑫ 7×584

2-A (몇십)×(몇십), (몇십)×(몇십몇)

공부한 날   월   일
걸린 시간   분   초
맞힌 개수   /16

정답: p.8

 곱셈을 하세요.

①
```
    5 0
×   2 0
```

⑤
```
    9 0
×   8 0
```

⑨
```
    6 0
×   4 0
```

⑬
```
    2 0
×   7 0
```

②
```
    3 0
×   5 0
```

⑥
```
    4 0
×   3 0
```

⑩
```
    8 0
×   5 0
```

⑭
```
    1 0
×   8 0
```

③
```
    2 0
×   7 1
```

⑦
```
    7 0
×   6 5
```

⑪
```
    5 0
×   5 7
```

⑮
```
    8 0
×   3 4
```

④
```
    3 0
×   4 3
```

⑧
```
    4 0
×   2 8
```

⑫
```
    8 0
×   7 6
```

⑯
```
    9 0
×   6 3
```

2-B (몇십)×(몇십), (몇십)×(몇십몇)

공부한 날	월	일
걸린 시간	분	초
맞힌 개수		/12

정답: p.8

 곱셈을 하세요.

① 40×19

④ 50×62

⑦ 30×67

⑩ 70×96

② 30×74

⑤ 70×77

⑧ 20×58

⑪ 40×84

③ 20×49

⑥ 90×72

⑨ 90×45

⑫ 30×93

3-A (몇십몇)×(몇십), (몇십몇)×(몇십몇)

공부한 날	월	일
걸린 시간	분	초
맞힌 개수		/16

정답: p.9

 곱셈을 하세요.

①
```
    6 6
  ×  4 0
```

⑤
```
    5 9
  ×  8 0
```

⑨
```
    8 2
  ×  9 0
```

⑬
```
    4 3
  ×  7 0
```

②
```
    5 6
  ×  2 9
```

⑥
```
    8 5
  ×  6 9
```

⑩
```
    7 9
  ×  3 2
```

⑭
```
    9 6
  ×  3 4
```

③
```
    3 9
  ×  9 4
```

⑦
```
    6 2
  ×  3 8
```

⑪
```
    7 4
  ×  4 6
```

⑮
```
    8 3
  ×  7 7
```

④
```
    6 5
  ×  5 3
```

⑧
```
    9 8
  ×  8 6
```

⑫
```
    3 7
  ×  8 2
```

⑯
```
    4 5
  ×  7 8
```

3-B (몇십몇)×(몇십), (몇십몇)×(몇십몇)

🦓 곱셈을 하세요.

① 68×26

④ 52×67

⑦ 93×62

⑩ 76×33

② 14×78

⑤ 99×53

⑧ 49×82

⑪ 27×46

③ 63×94

⑥ 36×59

⑨ 87×98

⑫ 74×19

4-A 내림이 없는 (몇십몇)÷(몇)

공부한 날   월   일

걸린 시간   분   초

맞힌 개수   /30

정답 p. 9

🦓 나눗셈을 하세요.

① 33÷3 =

② 84÷2 =

③ 48÷2 =

④ 99÷3 =

⑤ 42÷2 =

⑥ 77÷7 =

⑦ 63÷3 =

⑧ 88÷8 =

⑨ 24÷2 =

⑩ 66÷2 =

⑪ 86÷2 =

⑫ 39÷3 =

⑬ 66÷6 =

⑭ 62÷2 =

⑮ 88÷4 =

⑯ 66÷3 =

⑰ 26÷2 =

⑱ 82÷2 =

⑲ 69÷3 =

⑳ 55÷5 =

㉑ 46÷2 =

㉒ 68÷2 =

㉓ 93÷3 =

㉔ 28÷2 =

㉕ 36÷3 =

㉖ 44÷4 =

㉗ 88÷2 =

㉘ 64÷2 =

㉙ 99÷9 =

㉚ 84÷4 =

4-B 내림이 없는 (몇십몇)÷(몇)

 나눗셈을 하세요.

① 2) 4 6

② 3) 6 3

③ 2) 4 8

④ 3) 9 9

⑤ 2) 6 4

⑥ 2) 8 6

⑦ 7) 7 7

⑧ 3) 9 3

⑨ 3) 6 9

⑩ 4) 8 8

⑪ 2) 8 4

⑫ 3) 9 6

⑬ 2) 4 2

⑭ 4) 8 4

⑮ 3) 3 9

⑯ 3) 3 6

⑰ 2) 6 8

⑱ 2) 4 4

⑲ 2) 2 8

⑳ 3) 6 6

내림이 있는 (몇십몇)÷(몇)

📝 내림이 있는 (몇십몇)÷(몇)의 계산

나누어지는 수의 십의 자리를 먼저 계산하고, 십의 자리에서 남은 것을 일의 자리 숫자와 함께 계산해요.

세로로 계산

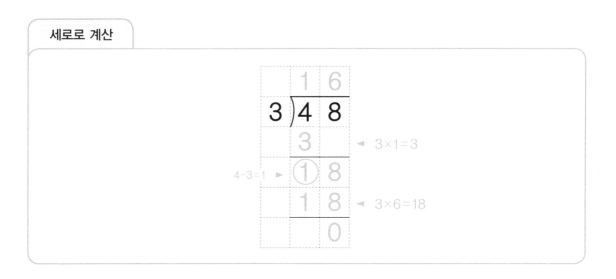

가로로 계산

$$92 \div 4 = 23$$

학습 포인트

하나. 내림이 있는 (몇십몇)÷(몇)의 계산을 공부합니다.

둘. 나눗셈에서 몫을 어림하는 것은 나눗셈의 가장 기본이 되는 부분입니다.
따라서 반복적인 연습을 통해 어림하는 능력을 기를 수 있도록 지도합니다.

1 내림이 있는 (몇십몇)÷(몇)

정답: p.10

 나눗셈을 하세요.

① 2) 3 6

⑤ 3) 4 5

⑨ 4) 5 6

⑬ 5) 9 5

② 2) 5 2

⑥ 3) 5 7

⑩ 4) 7 6

⑭ 6) 8 4

③ 2) 7 8

⑦ 3) 7 2

⑪ 5) 6 5

⑮ 7) 9 1

④ 2) 9 4

⑧ 3) 8 1

⑫ 5) 7 0

⑯ 8) 9 6

2 내림이 있는 (몇십몇)÷(몇)

정답: p.10

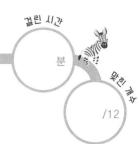

 나눗셈을 하세요.

① 90÷5

④ 57÷3

⑦ 91÷7

⑩ 38÷2

② 52÷4

⑤ 92÷2

⑧ 84÷3

⑪ 75÷5

③ 78÷3

⑥ 68÷4

⑨ 54÷2

⑫ 96÷6

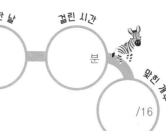

정답: p.10

공부한 날 /

걸린 시간 분

맞힌 개수 /16

🦓 나눗셈을 하세요.

① 2) 3 2

⑤ 2) 9 6

⑨ 4) 6 4

⑬ 5) 8 5

② 2) 5 6

⑥ 3) 4 2

⑩ 4) 7 2

⑭ 6) 7 8

③ 2) 5 8

⑦ 3) 5 1

⑪ 5) 6 0

⑮ 6) 9 0

④ 2) 7 4

⑧ 3) 8 7

⑫ 5) 8 0

⑯ 7) 9 8

4 내림이 있는 (몇십몇)÷(몇)

 나눗셈을 하세요.

① 65÷5

④ 32÷2

⑦ 78÷2

⑩ 91÷7

② 96÷8

⑤ 72÷3

⑧ 56÷2

⑪ 45÷3

③ 81÷3

⑥ 90÷6

⑨ 80÷5

⑫ 64÷4

 나눗셈을 하세요.

① 2)3 4

⑤ 2)3 8

⑨ 2)5 4

⑬ 2)7 6

② 2)9 2

⑥ 2)9 8

⑩ 3)4 8

⑭ 3)7 5

③ 3)7 8

⑦ 4)5 2

⑪ 4)6 0

⑮ 4)6 8

④ 5)6 0

⑧ 6)7 2

⑫ 6)9 6

⑯ 7)8 4

6 내림이 있는 (몇십몇)÷(몇)

공부한 날
/

걸린 시간
분

맞힌 개수
/12

정답 : p.10

 나눗셈을 하세요.

① 75÷3

④ 98÷7

⑦ 54÷2

⑩ 60÷4

② 92÷2

⑤ 78÷6

⑧ 95÷5

⑪ 87÷3

③ 70÷5

⑥ 52÷4

⑨ 42÷3

⑫ 76÷2

7

내림이 있는 (몇십몇)÷(몇)

정답: p.10

공부한 날

/

걸린 시간

분

맞힌 개수

/16

 나눗셈을 하세요.

① 2)3 8

② 2)9 4

③ 4)6 8

④ 5)9 0

⑤ 2)5 2

⑥ 3)5 4

⑦ 4)7 6

⑧ 6)8 4

⑨ 2)7 2

⑩ 3)8 4

⑪ 5)7 5

⑫ 7)9 1

⑬ 2)7 8

⑭ 4)5 6

⑮ 5)8 5

⑯ 8)9 6

내림이 있는 (몇십몇)÷(몇)

정답: p.10

 나눗셈을 하세요.

① 98÷2

④ 81÷3

⑦ 52÷2

⑩ 72÷4

② 54÷3

⑤ 34÷2

⑧ 48÷3

⑪ 85÷5

③ 78÷6

⑥ 60÷5

⑨ 74÷2

⑫ 87÷3

6 나누어떨어지지 않는 (몇십몇)÷(몇)

✏️ 나누어떨어지지 않는 (몇십몇)÷(몇)의 계산

나누어지는 수의 십의 자리, 일의 자리 순서로 계산해요.
십의 자리의 몫을 구하고 남은 것이 있으면 일의 자리 숫자와 함께 계산해요.

세로로 계산

```
      1 2
  3 ) 3 7
      3        ◀ 3×1=3
        7
        6      ◀ 3×2=6
        1      ◀ 7-6=1
```

```
              1 5
          4 ) 6 2
              4        ◀ 4×1=4
    6-4=2 ▶  ② 2
              2 0      ◀ 4×5=20
                2      ◀ 22-20=2
```

가로로 계산

$$69 \div 6 = 11 \cdots 3$$

```
      1 1
  6 ) 6 9
      6
        9
        6
        3
```

$$84 \div 5 = 16 \cdots 4$$

```
      1 6
  5 ) 8 4
      5
      3 4
      3 0
        4
```

학습 포인트

하나. 나누어떨어지지 않는 (몇십몇)÷(몇)의 계산을 공부합니다.

둘. 나머지가 나누는 수보다 작은지 확인하는 습관을 가지도록 지도합니다.

1 나누어떨어지지 않는 (몇십몇)÷(몇)

공부한 날

/

걸린 시간

분

맞힌 개수

/16

정답: p.11

 나눗셈을 하세요.

① 4)1 5

⑤ 9)7 7

⑨ 4)2 6

⑬ 6)3 4

② 7)2 9

⑥ 5)4 8

⑩ 8)6 3

⑭ 3)1 4

③ 3)3 8

⑦ 4)8 3

⑪ 6)6 4

⑮ 8)9 7

④ 3)4 9

⑧ 5)7 3

⑫ 6)8 6

⑯ 9)9 6

2 나누어떨어지지 않는 (몇십몇)÷(몇)

 나눗셈을 하세요.

① 43÷2

④ 98÷8

⑦ 74÷6

⑩ 62÷4

② 90÷4

⑤ 67÷3

⑧ 91÷6

⑪ 72÷7

③ 61÷5

⑥ 82÷7

⑨ 29÷2

⑫ 99÷2

3 나누어떨어지지 않는 (몇십몇)÷(몇)

공부한 날

걸린 시간

/

분

맞힌 개수

/16

정답: p.11

 나눗셈을 하세요.

① 5)3 4

⑤ 3)2 9

⑨ 7)5 4

⑬ 8)4 7

② 7)2 4

⑥ 2)1 7

⑩ 6)2 8

⑭ 9)8 7

③ 3)5 2

⑦ 4)8 5

⑪ 6)7 0

⑮ 8)9 5

④ 3)6 5

⑧ 5)6 2

⑫ 6)9 9

⑯ 9)9 3

4 나누어떨어지지 않는 (몇십몇)÷(몇)

정답: p.11

 나눗셈을 하세요.

① 99÷7

④ 51÷2

⑦ 25÷2

⑩ 67÷4

② 68÷6

⑤ 70÷4

⑧ 96÷5

⑪ 83÷6

③ 89÷3

⑥ 92÷8

⑨ 54÷4

⑫ 78÷7

5

나누어떨어지지 않는 (몇십몇)÷(몇)

공부한 날
/

걸린 시간
분

맞힌 개수
/16

정답: p.11

 나눗셈을 하세요.

① 2) 5 3

⑤ 2) 8 9

⑨ 3) 4 4

⑬ 3) 5 9

② 3) 9 4

⑥ 4) 4 2

⑩ 4) 7 3

⑭ 5) 6 3

③ 5) 8 7

⑦ 5) 9 8

⑪ 6) 6 9

⑮ 6) 7 5

④ 6) 9 2

⑧ 7) 7 6

⑫ 7) 8 5

⑯ 8) 9 0

 나눗셈을 하세요.

① 92÷5

④ 87÷8

⑦ 57÷4

⑩ 61÷3

② 69÷4

⑤ 81÷6

⑧ 84÷5

⑪ 75÷2

③ 74÷3

⑥ 95÷7

⑨ 43÷2

⑫ 56÷5

7 나누어떨어지지 않는 (몇십몇)÷(몇)

공부한 날
/

걸린 시간
분

맞힌 개수
/16

정답: p.11

 나눗셈을 하세요.

① 2) 3 5

⑤ 2) 6 7

⑨ 3) 3 1

⑬ 3) 4 7

② 3) 7 3

⑥ 4) 4 7

⑩ 4) 5 4

⑭ 4) 6 1

③ 5) 6 7

⑦ 5) 8 2

⑪ 6) 7 6

⑮ 6) 9 9

④ 7) 7 5

⑧ 7) 8 0

⑫ 8) 8 9

⑯ 8) 9 4

나눗셈을 하세요.

① 82÷3

④ 93÷8

⑦ 71÷6

⑩ 57÷2

② 90÷7

⑤ 81÷5

⑧ 47÷4

⑪ 95÷6

③ 77÷4

⑥ 63÷5

⑨ 91÷9

⑫ 85÷2

나누어떨어지는
(세 자리 수)÷(한 자리 수)

✏️ 나누어떨어지는 (세 자리 수)÷(한 자리 수)의 계산

세 자리 수의 백의 자리 숫자부터 차례로 몫을 구해요.

각 자리의 몫을 구하고, 나머지가 생기면 바로 아랫자리의 수와 합하여 생각해요.

세로로 계산

```
      1 2 7
  5 ) 6 3 5
      5          ◁ 5×1=5
6-5=1 ① 3
      1 0        ◁ 5×2=10
13-10=3 ③ 5
      3 5        ◁ 5×7=35
        0
```

```
       4 5
  3 ) 1 3 5
      1 2         ◁ 3×4=12
13-12=1 ① 5
      1 5         ◁ 3×5=15
        0
```

가로로 계산

$$268 \div 2 = 134$$

```
     1 3 4
  2 ) 2 6 8
     2
       6
       6
         8
         8
         0
```

$$272 \div 4 = 68$$

```
      6 8
  4 ) 2 7 2
     2 4
       3 2
       3 2
         0
```

학습 포인트

하나. 나누어떨어지는 (세 자리 수) ÷ (한 자리 수)의 계산을 공부합니다.

둘. 나누어지는 수의 백의 자리에 나누는 수가 한 번도 들어갈 수 없을 때에는 몫의 백의 자리를
비워 두도록 지도합니다.

1 나누어떨어지는 (세 자리 수)÷(한 자리 수)

공부한 날
/

걸린 시간
분

맞힌 개수
/12

정답: p.12

 나눗셈을 하세요.

① 2) 2 8 6

④ 3) 3 5 1

⑦ 4) 5 0 4

⑩ 5) 7 3 5

② 2) 1 4 2

⑤ 4) 3 8 4

⑧ 6) 3 4 8

⑪ 8) 4 7 2

③ 3) 2 7 6

⑥ 5) 4 3 5

⑨ 7) 2 3 8

⑫ 9) 5 1 3

2

나누어떨어지는
(세 자리 수)÷(한 자리 수)

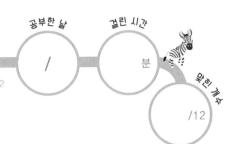

공부한 날

/

걸린 시간

분

맞힌 개수

/12

정답: p.12

 나눗셈을 하세요.

① 684÷6

④ 448÷4

⑦ 847÷7

⑩ 936÷9

② 170÷2

⑤ 444÷6

⑧ 128÷4

⑪ 392÷8

③ 258÷3

⑥ 612÷9

⑨ 651÷7

⑫ 255÷5

3

나누어떨어지는
(세 자리 수)÷(한 자리 수)

공부한 날
/

걸린 시간
분

맞힌 개수
/12

정답: p.12

 나눗셈을 하세요.

①
$$2 \overline{)3\ 7\ 4}$$

④
$$3 \overline{)5\ 1\ 6}$$

⑦
$$5 \overline{)5\ 8\ 5}$$

⑩
$$6 \overline{)6\ 9\ 0}$$

②
$$2 \overline{)1\ 1\ 8}$$

⑤
$$4 \overline{)3\ 5\ 2}$$

⑧
$$6 \overline{)2\ 4\ 6}$$

⑪
$$8 \overline{)5\ 1\ 2}$$

③
$$3 \overline{)2\ 3\ 1}$$

⑥
$$5 \overline{)4\ 7\ 5}$$

⑨
$$7 \overline{)6\ 0\ 9}$$

⑫
$$9 \overline{)4\ 6\ 8}$$

나누어떨어지는
(세 자리 수)÷(한 자리 수)

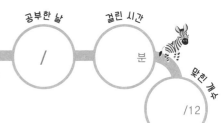
 나눗셈을 하세요.

① 658÷2

④ 876÷6

⑦ 555÷5

⑩ 938÷7

② 356÷4

⑤ 108÷3

⑧ 156÷2

⑪ 370÷5

③ 558÷6

⑥ 729÷9

⑨ 168÷8

⑫ 336÷7

나누어떨어지는
(세 자리 수)÷(한 자리 수)

공부한 날

걸린 시간

/

분

맞힌 개수

/12

정답: p.12

 나눗셈을 하세요.

①
$$4\overline{)696}$$

④
$$5\overline{)580}$$

⑦
$$7\overline{)861}$$

⑩
$$8\overline{)856}$$

②
$$2\overline{)198}$$

⑤
$$3\overline{)207}$$

⑧
$$4\overline{)368}$$

⑪
$$5\overline{)415}$$

③
$$6\overline{)522}$$

⑥
$$7\overline{)658}$$

⑨
$$8\overline{)432}$$

⑫
$$9\overline{)864}$$

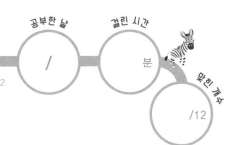

6 나누어떨어지는 (세 자리 수)÷(한 자리 수)

공부한 날

걸린 시간
분

맞힌 개수
/12

정답: p.12

 나눗셈을 하세요.

① 693÷3

④ 870÷5

⑦ 956÷4

⑩ 436÷2

② 426÷6

⑤ 574÷7

⑧ 162÷3

⑪ 608÷8

③ 126÷2

⑥ 387÷9

⑨ 296÷4

⑫ 465÷5

공부한 날

/

걸린 시간

분

맞힌 개수

/12

정답: p.12

 나눗셈을 하세요.

① 5)675

④ 6)714

⑦ 7)798

⑩ 9)981

② 2)134

⑤ 3)198

⑧ 4)392

⑪ 5)405

③ 6)534

⑥ 7)469

⑨ 8)776

⑫ 9)837

8 나누어떨어지는 (세 자리 수)÷(한 자리 수)

공부한 날
/

걸린 시간
분

맞힌 개수
/12

정답: p.12

 나눗셈을 하세요.

① 208÷2

④ 952÷7

⑦ 381÷3

⑩ 648÷4

② 637÷7

⑤ 312÷4

⑧ 296÷8

⑪ 180÷5

③ 216÷3

⑥ 112÷2

⑨ 390÷6

⑫ 225÷9

8 나누어떨어지지 않는 (세 자리 수)÷(한 자리 수)

✏️ 나누어떨어지지 않는 (세 자리 수)÷(한 자리 수)의 계산

세 자리 수의 백의 자리 숫자부터 순서대로 몫을 구해요.
나누어떨어지지 않을 때, 나머지는 나누는 수보다 항상 작아야 해요.

세로로 계산

```
        1 2 1
   6 ) 7 2 8
       6          ◁ 6×1=6
7-6=1 ▷ ① 2
       1 2        ◁ 6×2=12
           8
           6      ◁ 6×1=6
           2      ◁ 8-6=2
```

```
          9 8
   2 ) 1 9 7
       1 8        ◁ 2×9=18
19-18=1 ▷ ① 7
         1 6      ◁ 2×8=16
           1      ◁ 17-16=1
```

가로로 계산

$$495 \div 4 = 123 \cdots 3$$

```
       1 2 3
   4 ) 4 9 5
       4
         9
         8
         1 5
         1 2
             3
```

$$290 \div 7 = 41 \cdots 3$$

```
         4 1
   7 ) 2 9 0
       2 8
         1 0
           7
           3
```

하나. 나누어떨어지지 않는 (세 자리 수)÷(한 자리 수)의 계산을 공부합니다.

둘. 나머지가 나누는 수보다 작은지 확인하는 습관을 가지도록 지도합니다.

1 나누어떨어지지 않는
(세 자리 수)÷(한 자리 수)

공부한 날
/

걸린 시간
분

맞힌 개수
/12

정답: p.13

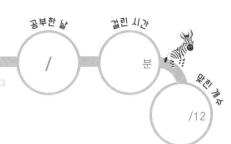

 나눗셈을 하세요.

① 2) 2 6 5

④ 3) 3 5 9

⑦ 4) 5 7 4

⑩ 5) 6 8 7

② 2) 1 1 3

⑤ 4) 1 8 6

⑧ 6) 4 6 7

⑪ 8) 5 2 4

③ 3) 2 4 8

⑥ 5) 3 7 2

⑨ 7) 6 4 8

⑫ 9) 7 6 1

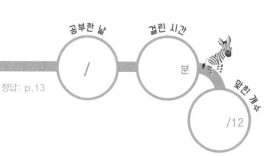

2 나누어떨어지지 않는 (세 자리 수)÷(한 자리 수)

공부한 날 /

걸린 시간 분

맞힌 개수 /12

정답: p.13

 나눗셈을 하세요.

① 524÷5

④ 398÷3

⑦ 867÷7

⑩ 995÷8

② 151÷2

⑤ 290÷6

⑧ 201÷5

⑪ 517÷9

③ 136÷3

⑥ 329÷4

⑨ 451÷7

⑫ 178÷8

3

나누어떨어지지 않는
(세 자리 수)÷(한 자리 수)

공부한 날

걸린 시간

/

분

맞힌 개수

/12

정답: p.13

 나눗셈을 하세요.

① 3)407

④ 4)634

⑦ 6)669

⑩ 7)754

② 2)177

⑤ 4)391

⑧ 6)541

⑪ 8)677

③ 3)194

⑥ 5)267

⑨ 7)485

⑫ 9)706

4

나누어떨어지지 않는
(세 자리 수)÷(한 자리 수)

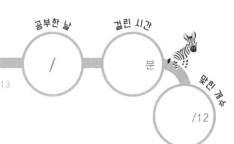

 나눗셈을 하세요.

① 805÷4

④ 788÷5

⑦ 491÷2

⑩ 927÷8

② 139÷2

⑤ 538÷7

⑧ 182÷4

⑪ 249÷8

③ 317÷6

⑥ 269÷3

⑨ 324÷5

⑫ 633÷9

5

나누어떨어지지 않는
(세 자리 수)÷(한 자리 수)

공부한 날

/

걸린 시간

분

맞힌 개수

/12

정답: p.13

 나눗셈을 하세요.

① 4) 6 5 9

④ 5) 6 9 4

⑦ 7) 8 2 7

⑩ 8) 8 9 9

② 2) 1 1 5

⑤ 3) 2 8 1

⑧ 4) 3 4 6

⑪ 5) 2 3 8

③ 6) 5 2 4

⑥ 7) 4 0 2

⑨ 8) 7 2 6

⑫ 9) 8 5 3

6

나누어떨어지지 않는 (세 자리 수)÷(한 자리 수)

 나눗셈을 하세요.

① 779÷7

④ 683÷6

⑦ 547÷4

⑩ 476÷3

② 154÷3

⑤ 277÷7

⑧ 390÷8

⑪ 341÷4

③ 369÷6

⑥ 897÷9

⑨ 197÷2

⑫ 413÷5

7

나누어떨어지지 않는
(세 자리 수)÷(한 자리 수)

공부한 날

/

걸린 시간

분

맞힌 개수

/12

정답: p.13

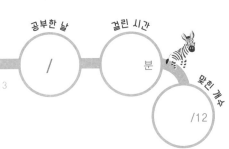

 나눗셈을 하세요.

①
$$5 \overline{)5\ 8\ 7}$$

④
$$6 \overline{)8\ 5\ 1}$$

⑦
$$7 \overline{)8\ 8\ 6}$$

⑩
$$9 \overline{)9\ 7\ 8}$$

②
$$2 \overline{)1\ 3\ 1}$$

⑤
$$3 \overline{)2\ 6\ 8}$$

⑧
$$4 \overline{)3\ 0\ 9}$$

⑪
$$5 \overline{)4\ 5\ 9}$$

③
$$6 \overline{)5\ 2\ 1}$$

⑥
$$7 \overline{)4\ 6\ 7}$$

⑨
$$8 \overline{)5\ 4\ 8}$$

⑫
$$9 \overline{)8\ 9\ 0}$$

나누어떨어지지 않는
(세 자리 수)÷(한 자리 수)

공부한 날 / 걸린 시간 분

맞힌 개수 /12

정답: p.13

 나눗셈을 하세요.

① 483÷2

④ 759÷6

⑦ 562÷3

⑩ 818÷4

② 491÷7

⑤ 371÷9

⑧ 615÷8

⑪ 147÷5

③ 105÷2

⑥ 215÷4

⑨ 508÷6

⑫ 298÷3

실력 체크

최종 점검

5   내림이 있는 (몇십몇)÷(몇)

6   나누어떨어지지 않는 (몇십몇)÷(몇)

7   나누어떨어지는 (세 자리 수)÷(한 자리 수)

8   나누어떨어지지 않는 (세 자리 수)÷(한 자리 수)

5-A 내림이 있는 (몇십몇)÷(몇)

공부한 날 　 월 　 일
걸린 시간 　 분 　 초
맞힌 개수 　 /16

정답: p.14

 나눗셈을 하세요.

① $3\overline{)42}$

⑤ $5\overline{)70}$

⑨ $7\overline{)98}$

⑬ $2\overline{)76}$

② $6\overline{)72}$

⑥ $2\overline{)56}$

⑩ $3\overline{)51}$

⑭ $6\overline{)90}$

③ $3\overline{)75}$

⑦ $7\overline{)84}$

⑪ $4\overline{)52}$

⑮ $2\overline{)36}$

④ $4\overline{)64}$

⑧ $2\overline{)72}$

⑫ $3\overline{)78}$

⑯ $5\overline{)95}$

실력 체크

5-B 내림이 있는 (몇십몇)÷(몇)

공부한 날	월	일
걸린 시간	분	초
맞힌 개수		/12

정답: p.14

 나눗셈을 하세요.

① 74÷2　　④ 96÷6　　⑦ 65÷5　　⑩ 78÷6

② 60÷4　　⑤ 57÷3　　⑧ 72÷4　　⑪ 84÷7

③ 98÷7　　⑥ 95÷5　　⑨ 84÷6　　⑫ 87÷3

실력 체크 5-B　105

6-A 나누어떨어지지 않는 (몇십몇)÷(몇)

공부한 날   월   일

걸린 시간   분   초

맞힌 개수   /16

정답: p.14

 나눗셈을 하세요.

① 4)6 7

⑤ 4)4 6

⑨ 8)9 5

⑬ 5)6 7

② 6)7 4

⑥ 3)8 5

⑩ 7)8 2

⑭ 2)7 5

③ 5)5 9

⑦ 2)3 7

⑪ 3)4 4

⑮ 4)5 1

④ 3)6 2

⑧ 9)9 6

⑫ 5)7 8

⑯ 2)6 3

실력 체크

6-B 나누어떨어지지 않는 (몇십몇)÷(몇)

공부한 날	월	일
걸린 시간	분	초
맞힌 개수		/12

정답: p.14

 나눗셈을 하세요.

① 84÷8

④ 51÷4

⑦ 49÷3

⑩ 97÷7

② 98÷3

⑤ 74÷5

⑧ 65÷6

⑪ 33÷2

③ 89÷7

⑥ 83÷6

⑨ 73÷4

⑫ 99÷8

7-A

나누어떨어지는
(세 자리 수)÷(한 자리 수)

공부한 날   월   일

걸린 시간   분   초

맞힌 개수   /12

정답: p.15

 나눗셈을 하세요.

① 3$)$9 0 6

④ 2$)$5 6 8

⑦ 4$)$4 9 2

⑩ 5$)$8 9 5

② 2$)$1 6 8

⑤ 4$)$2 7 6

⑧ 9$)$6 4 8

⑪ 6$)$4 6 2

③ 5$)$3 7 5

⑥ 7$)$6 2 3

⑨ 3$)$1 3 5

⑫ 8$)$7 4 4

7-B

나누어떨어지는
(세 자리 수)÷(한 자리 수)

공부한 날	월	일
걸린 시간	분	초
맞힌 개수		/12

정답: p.15

 나눗셈을 하세요.

① 585÷3

④ 624÷2

⑦ 572÷4

⑩ 896÷8

② 846÷9

⑤ 516÷6

⑧ 483÷7

⑪ 210÷5

③ 744÷8

⑥ 588÷6

⑨ 801÷9

⑫ 658÷7

8-A

나누어떨어지지 않는
(세 자리 수)÷(한 자리 수)

공부한 날　　　　월　　　일

걸린 시간　　　　분　　　초

맞힌 개수　　　　　/12

정답: p.15

 나눗셈을 하세요.

① $4\overline{)745}$　　　④ $8\overline{)974}$　　　⑦ $3\overline{)935}$　　　⑩ $6\overline{)629}$

② $2\overline{)129}$　　　⑤ $7\overline{)586}$　　　⑧ $6\overline{)497}$　　　⑪ $9\overline{)804}$

③ $8\overline{)758}$　　　⑥ $4\overline{)134}$　　　⑨ $3\overline{)223}$　　　⑫ $5\overline{)496}$

8-B

나누어떨어지지 않는
(세 자리 수)÷(한 자리 수)

공부한 날   월   일

걸린 시간   분   초

맞힌 개수   /12

정답: p.15

 나눗셈을 하세요.

① 627÷2

④ 935÷9

⑦ 814÷7

⑩ 848÷5

② 461÷6

⑤ 387÷4

⑧ 146÷3

⑪ 764÷8

③ 587÷7

⑥ 329÷5

⑨ 742÷8

⑫ 844÷9

Memo

학습구성

기초수학 초등 1학년

1권	자연수의 덧셈과 뺄셈 기본	2권	자연수의 덧셈과 뺄셈 초급
1	9까지의 수 가르기와 모으기	1	(몇십)+(몇), (몇)+(몇십)
2	합이 9까지인 수의 덧셈	2	(몇십몇)+(몇), (몇)+(몇십몇)
3	차가 9까지인 수의 뺄셈	3	(몇십몇)-(몇)
4	덧셈과 뺄셈의 관계	4	(몇십)±(몇십)
5	두 수를 바꾸어 더하기	5	(몇십몇)±(몇십몇)
6	10 가르기와 모으기	6	한 자리 수인 세 수의 덧셈과 뺄셈
7	10이 되는 덧셈, 10에서 빼는 뺄셈	7	받아올림이 있는 (몇)+(몇)
8	두 수의 합이 10인 세 수의 덧셈	8	받아내림이 있는 (십몇)-(몇)

기초수학 초등 2학년

3권	자연수의 덧셈과 뺄셈 중급	4권	곱셈구구
1	받아올림이 있는 (두 자리 수)+(한 자리 수)	1	같은 수를 여러 번 더하기
2	받아내림이 있는 (두 자리 수)-(한 자리 수)	2	2의 단, 5의 단, 4의 단 곱셈구구
3	받아올림이 한 번 있는 (두 자리 수)+(두 자리 수)	3	2의 단, 3의 단, 6의 단 곱셈구구
4	받아올림이 두 번 있는 (두 자리 수)+(두 자리 수)	4	3의 단, 6의 단, 4의 단 곱셈구구
5	받아내림이 있는 (두 자리 수)-(두 자리 수)	5	4의 단, 8의 단, 6의 단 곱셈구구
6	(두 자리 수)±(두 자리 수)	6	5의 단, 7의 단, 9의 단 곱셈구구
7	(세 자리 수)±(두 자리 수)	7	7의 단, 8의 단, 9의 단 곱셈구구
8	두 자리 수인 세 수의 덧셈과 뺄셈	8	곱셈구구

기초수학 초등 3학년

5권	자연수의 덧셈과 뺄셈 고급 / 자연수의 곱셈과 나눗셈 초급	6권	자연수의 곱셈과 나눗셈 중급
1	받아올림이 없거나 한 번 있는 (세 자리 수)+(세 자리 수)	1	(세 자리 수)×(한 자리 수)
2	연속으로 받아올림이 있는 (세 자리 수)+(세 자리 수)	2	(몇십)×(몇십), (몇십)×(몇십몇)
3	받아내림이 없거나 한 번 있는 (세 자리 수)-(세 자리 수)	3	(몇십몇)×(몇십), (몇십몇)×(몇십몇)
4	연속으로 받아내림이 있는 (세 자리 수)-(세 자리 수)	4	내림이 없는 (몇십몇)÷(몇)
5	곱셈과 나눗셈의 관계	5	내림이 있는 (몇십몇)÷(몇)
6	곱셈구구를 이용하거나 세로로 나눗셈의 몫 구하기	6	나누어떨어지지 않는 (몇십몇)÷(몇)
7	올림이 없는 (두 자리 수)×(한 자리 수)	7	나누어떨어지는 (세 자리 수)÷(한 자리 수)
8	일의 자리에서 올림이 있는 (두 자리 수)×(한 자리 수)	8	나누어떨어지지 않는 (세 자리 수)÷(한 자리 수)

계산력 + 두뇌회전
UP!

한 권으로

계산

끝

정답

6

초등수학
3 학년 과정

계산력 + 두뇌회전
UP!

한 권으로
계산
끝

정답

6

초등수학
3 학년 과정

넥서스에듀

Special Lesson 기본 개념 알고 가기 1

Special
Lesson
p.15

① 400	⑧ 900	⑮ 8100	㉒ 1400
② 500	⑨ 1200	⑯ 600	㉓ 1000
③ 1600	⑩ 2100	⑰ 1500	㉔ 4900
④ 1800	⑪ 1400	⑱ 1200	㉕ 4500
⑤ 2700	⑫ 1600	⑲ 2100	㉖ 5400
⑥ 1000	⑬ 6400	⑳ 2400	㉗ 4800
⑦ 1200	⑭ 1800	㉑ 800	

Special Lesson 기본 개념 알고 가기 2

Special
Lesson
p.17

① 120	⑤ 152	⑨ 536	⑬ 312
② 156	⑥ 486	⑩ 414	⑭ 406
③ 135	⑦ 224	⑪ 228	⑮ 511
④ 416	⑧ 435	⑫ 711	⑯ 204

(세 자리 수)×(한 자리 수)

1 p.19

① 248	⑤ 1556	⑨ 3756	⑬ 4325
② 476	⑥ 3311	⑩ 1508	⑭ 3768
③ 969	⑦ 1930	⑪ 4962	⑮ 4272
④ 948	⑧ 2570	⑫ 3101	⑯ 7155

2 p.20

① 2732	⑤ 936	⑨ 1344	⑬ 1780
② 6468	⑥ 808	⑩ 1695	⑭ 1182
③ 688	⑦ 2945	⑪ 1756	⑮ 5808
④ 5936	⑧ 1379	⑫ 3249	⑯ 4632

3 p.21

① 720	⑤ 2471	⑨ 1572	⑬ 1752
② 741	⑥ 1335	⑩ 3195	⑭ 3636
③ 512	⑦ 1700	⑪ 2574	⑮ 4544
④ 426	⑧ 1062	⑫ 4851	⑯ 5744

4 p.22

① 992	⑤ 1845	⑨ 846	⑬ 1557
② 5888	⑥ 896	⑩ 6748	⑭ 2328
③ 4675	⑦ 3004	⑪ 1334	⑮ 2520
④ 1981	⑧ 3654	⑫ 1476	⑯ 3206

5 p.23

① 792	⑤ 708	⑨ 1345	⑬ 3784
② 3168	⑥ 1294	⑩ 3140	⑭ 4812
③ 872	⑦ 785	⑪ 4470	⑮ 2652
④ 3941	⑧ 6895	⑫ 2480	⑯ 5724

6 p.24

① 952	⑤ 5480	⑨ 2460	⑬ 2952
② 996	⑥ 5971	⑩ 4835	⑭ 3948
③ 2796	⑦ 3845	⑪ 3552	⑮ 5643
④ 2776	⑧ 1855	⑫ 1656	⑯ 3171

7 p.25

① 858	⑤ 906	⑨ 2976	⑬ 2754
② 2188	⑥ 2915	⑩ 5376	⑭ 7974
③ 528	⑦ 2860	⑪ 4974	⑮ 2779
④ 3066	⑧ 4984	⑫ 4599	⑯ 8541

8 p.26

① 952	⑤ 2358	⑨ 2208	⑬ 2009
② 777	⑥ 2580	⑩ 3550	⑭ 2144
③ 4980	⑦ 7792	⑪ 4068	⑮ 4746
④ 6354	⑧ 3136	⑫ 5184	⑯ 3800

2 (몇십)×(몇십), (몇십)×(몇십몇)

1
p.28

① 200	⑤ 2800	⑨ 4800	⑬ 3200
② 1500	⑥ 3000	⑩ 2100	⑭ 1800
③ 230	⑦ 2820	⑪ 3600	⑮ 4690
④ 920	⑧ 2280	⑫ 5340	⑯ 2560

2
p.29

① 2700	⑤ 1200	⑨ 700	⑬ 4000
② 370	⑥ 1520	⑩ 1260	⑭ 4600
③ 280	⑦ 1750	⑪ 5110	⑮ 1360
④ 1820	⑧ 3320	⑫ 3060	⑯ 7020

3
p.30

① 1200	⑤ 2000	⑨ 5400	⑬ 5600
② 900	⑥ 4000	⑩ 1400	⑭ 3600
③ 980	⑦ 1400	⑪ 780	⑮ 5120
④ 2670	⑧ 2600	⑫ 1820	⑯ 8730

4
p.31

① 800	⑤ 5600	⑨ 4500	⑬ 2700
② 720	⑥ 3120	⑩ 810	⑭ 2360
③ 3450	⑦ 1920	⑪ 2220	⑮ 2940
④ 5880	⑧ 3710	⑫ 4400	⑯ 7470

5
p.32

① 1600	⑤ 1200	⑨ 3600	⑬ 2000
② 3600	⑥ 3500	⑩ 2400	⑭ 6300
③ 740	⑦ 580	⑪ 2460	⑮ 2600
④ 2350	⑧ 2660	⑫ 7440	⑯ 5040

6
p.33

① 600	⑤ 4200	⑨ 7200	⑬ 2500
② 6230	⑥ 920	⑩ 2520	⑭ 1440
③ 780	⑦ 6000	⑪ 4480	⑮ 920
④ 4480	⑧ 3350	⑫ 2250	⑯ 2880

7
p.34

① 1800	⑤ 2400	⑨ 1200	⑬ 3500
② 3000	⑥ 2800	⑩ 1600	⑭ 5400
③ 1520	⑦ 720	⑪ 3880	⑮ 3650
④ 3900	⑧ 3430	⑫ 3840	⑯ 4680

8
p.35

① 1800	⑤ 4200	⑨ 3200	⑬ 900
② 1140	⑥ 3750	⑩ 5040	⑭ 2870
③ 6840	⑦ 8460	⑪ 1750	⑮ 3360
④ 2960	⑧ 430	⑫ 1920	⑯ 5340

3 (몇십몇)×(몇십), (몇십몇)×(몇십몇)

p.37

1

① 840	⑤ 2040	⑨ 3920	⑬ 3600
② 893	⑥ 3344	⑩ 901	⑭ 1444
③ 2646	⑦ 2408	⑪ 3087	⑮ 5248
④ 1288	⑧ 4324	⑫ 5796	⑯ 2162

2

p.38

① 690	⑤ 5120	⑨ 1920	⑬ 7830
② 2145	⑥ 5546	⑩ 4032	⑭ 3192
③ 3492	⑦ 918	⑪ 2109	⑮ 2170
④ 1798	⑧ 2856	⑫ 840	⑯ 2296

3

p.39

① 1200	⑤ 1440	⑨ 1260	⑬ 3480
② 1368	⑥ 3567	⑩ 4347	⑭ 1992
③ 1219	⑦ 1058	⑪ 2470	⑮ 6586
④ 1872	⑧ 3848	⑫ 2769	⑯ 5141

4

p.40

① 8190	⑤ 4760	⑨ 2450	⑬ 1740
② 4940	⑥ 2961	⑩ 2028	⑭ 6231
③ 2278	⑦ 3276	⑪ 1196	⑮ 1989
④ 1064	⑧ 2407	⑫ 4332	⑯ 4116

5

p.41

① 1760	⑤ 900	⑨ 6120	⑬ 2370
② 2368	⑥ 1748	⑩ 3901	⑭ 1484
③ 1960	⑦ 6208	⑪ 4002	⑮ 1332
④ 3496	⑧ 1558	⑫ 5394	⑯ 4128

6

p.42

① 680	⑤ 3350	⑨ 6440	⑬ 2940
② 1680	⑥ 1600	⑩ 6768	⑭ 2067
③ 2346	⑦ 1334	⑪ 2268	⑮ 3654
④ 3978	⑧ 3104	⑫ 2744	⑯ 8184

7

p.43

① 800	⑤ 2170	⑨ 6210	⑬ 1580
② 2952	⑥ 3375	⑩ 1428	⑭ 3564
③ 1206	⑦ 4012	⑪ 1752	⑮ 2923
④ 1462	⑧ 7387	⑫ 6256	⑯ 2475

8

p.44

① 6000	⑤ 3360	⑨ 2850	⑬ 2820
② 4232	⑥ 4482	⑩ 4656	⑭ 3471
③ 3752	⑦ 2166	⑪ 1738	⑮ 3168
④ 1728	⑧ 7462	⑫ 2352	⑯ 2025

Special Lesson   p.46

① 10	⑦ 60	⑬ 70	⑲ 40	㉕ 80
② 20	⑧ 20	⑭ 40	⑳ 60	㉖ 70
③ 30	⑨ 50	⑮ 30	㉑ 80	㉗ 60
④ 10	⑩ 40	⑯ 50	㉒ 40	㉘ 90
⑤ 20	⑪ 90	⑰ 90	㉓ 50	㉙ 80
⑥ 20	⑫ 30	⑱ 70	㉔ 90	㉚ 90

Special Lesson   p.47

① 80	⑥ 80	⑪ 70	⑯ 70
② 50	⑦ 30	⑫ 80	⑰ 60
③ 40	⑧ 10	⑬ 50	⑱ 90
④ 20	⑨ 40	⑭ 30	⑲ 70
⑤ 20	⑩ 20	⑮ 90	⑳ 90

4 내림이 없는 (몇십몇)÷(몇)

1   p.49

① 11	⑦ 21	⑬ 11	⑲ 11	㉕ 43
② 12	⑧ 22	⑭ 31	⑳ 34	㉖ 22
③ 14	⑨ 11	⑮ 21	㉑ 23	㉗ 11
④ 11	⑩ 23	⑯ 32	㉒ 41	㉘ 32
⑤ 12	⑪ 24	⑰ 33	㉓ 42	㉙ 33
⑥ 13	⑫ 12	⑱ 22	㉔ 21	㉚ 11

2   p.50

① 13	⑧ 11	⑮ 12	㉒ 11
② 44	⑨ 21	⑯ 11	㉓ 32
③ 23	⑩ 22	⑰ 12	㉔ 23
④ 42	⑪ 11	⑱ 32	㉕ 12
⑤ 13	⑫ 21	⑲ 22	㉖ 11
⑥ 22	⑬ 34	⑳ 11	㉗ 31
⑦ 33	⑭ 41	㉑ 14	㉘ 31

3
p.51

① 11	⑦ 21	⑬ 11	⑲ 34	㉕ 43
② 12	⑧ 22	⑭ 31	⑳ 23	㉖ 44
③ 13	⑨ 11	⑮ 21	㉑ 11	㉗ 11
④ 11	⑩ 23	⑯ 32	㉒ 41	㉘ 31
⑤ 12	⑪ 24	⑰ 33	㉓ 42	㉙ 33
⑥ 13	⑫ 12	⑱ 11	㉔ 21	㉚ 11

4
p.52

① 11	⑧ 31	⑮ 21	㉒ 14
② 34	⑨ 33	⑯ 23	㉓ 11
③ 11	⑩ 13	⑰ 22	㉔ 13
④ 33	⑪ 21	⑱ 24	㉕ 11
⑤ 11	⑫ 43	⑲ 12	㉖ 22
⑥ 12	⑬ 23	⑳ 11	㉗ 41
⑦ 32	⑭ 11	㉑ 32	㉘ 22

5
p.53

① 12	⑦ 23	⑬ 11	⑲ 43	㉕ 32
② 11	⑧ 42	⑭ 12	⑳ 32	㉖ 34
③ 22	⑨ 44	⑮ 21	㉑ 14	㉗ 41
④ 24	⑩ 31	⑯ 11	㉒ 13	㉘ 43
⑤ 31	⑪ 13	⑰ 11	㉓ 23	㉙ 11
⑥ 22	⑫ 12	⑱ 21	㉔ 11	㉚ 11

6
p.54

① 13	⑧ 11	⑮ 12	㉒ 33
② 22	⑨ 22	⑯ 43	㉓ 11
③ 42	⑩ 32	⑰ 11	㉔ 21
④ 11	⑪ 41	⑱ 33	㉕ 44
⑤ 32	⑫ 22	⑲ 11	㉖ 21
⑥ 12	⑬ 23	⑳ 24	㉗ 13
⑦ 11	⑭ 14	㉑ 31	㉘ 21

7
p.55

① 11	⑦ 23	⑬ 11	⑲ 11	㉕ 33
② 11	⑧ 21	⑭ 12	⑳ 33	㉖ 34
③ 22	⑨ 22	⑮ 21	㉑ 14	㉗ 42
④ 24	⑩ 32	⑯ 11	㉒ 21	㉘ 44
⑤ 31	⑪ 12	⑰ 11	㉓ 23	㉙ 31
⑥ 22	⑫ 12	⑱ 43	㉔ 11	㉚ 11

8
p.56

① 41	⑧ 22	⑮ 31	㉒ 11
② 34	⑨ 11	⑯ 12	㉓ 21
③ 11	⑩ 12	⑰ 13	㉔ 44
④ 32	⑪ 21	⑱ 11	㉕ 23
⑤ 11	⑫ 42	⑲ 22	㉖ 21
⑥ 32	⑬ 33	⑳ 12	㉗ 11
⑦ 22	⑭ 33	㉑ 31	㉘ 13

1-A
p.58

① 973	⑤ 2580	⑨ 2292	⑬ 7328
② 988	⑥ 3640	⑩ 2715	⑭ 4718
③ 908	⑦ 3125	⑪ 4548	⑮ 3186
④ 1896	⑧ 2547	⑫ 868	⑯ 5572

1-B
p.59

① 867	④ 2832	⑦ 2352	⑩ 3248
② 915	⑤ 2292	⑧ 2596	⑪ 6986
③ 1390	⑥ 8577	⑨ 4952	⑫ 4088

2-A
p.60

① 1000	⑤ 7200	⑨ 2400	⑬ 1400
② 1500	⑥ 1200	⑩ 4000	⑭ 800
③ 1420	⑦ 4550	⑪ 2850	⑮ 2720
④ 1290	⑧ 1120	⑫ 6080	⑯ 5670

2-B
p.61

① 760	④ 3100	⑦ 2010	⑩ 6720
② 2220	⑤ 5390	⑧ 1160	⑪ 3360
③ 980	⑥ 6480	⑨ 4050	⑫ 2790

3-A
p.62

① 2640　⑤ 4720　⑨ 7380　⑬ 3010

② 1624　⑥ 5865　⑩ 2528　⑭ 3264

③ 3666　⑦ 2356　⑪ 3404　⑮ 6391

④ 3445　⑧ 8428　⑫ 3034　⑯ 3510

3-B
p.63

① 1768　④ 3484　⑦ 5766　⑩ 2508

② 1092　⑤ 5247　⑧ 4018　⑪ 1242

③ 5922　⑥ 2124　⑨ 8526　⑫ 1406

4-A
p.64

① 11　⑦ 21　⑬ 11　⑲ 23　㉕ 12

② 42　⑧ 11　⑭ 31　⑳ 11　㉖ 11

③ 24　⑨ 12　⑮ 22　㉑ 23　㉗ 44

④ 33　⑩ 33　⑯ 22　㉒ 34　㉘ 32

⑤ 21　⑪ 43　⑰ 13　㉓ 31　㉙ 11

⑥ 11　⑫ 13　⑱ 41　㉔ 14　㉚ 21

4-B
p.65

① 23　⑤ 32　⑨ 23　⑬ 21　⑰ 34

② 21　⑥ 43　⑩ 22　⑭ 21　⑱ 22

③ 24　⑦ 11　⑪ 42　⑮ 13　⑲ 14

④ 33　⑧ 31　⑫ 32　⑯ 12　⑳ 22

5 내림이 있는 (몇십몇)÷(몇)

1
p.67

① 18	⑤ 15	⑨ 14	⑬ 19
② 26	⑥ 19	⑩ 19	⑭ 14
③ 39	⑦ 24	⑪ 13	⑮ 13
④ 47	⑧ 27	⑫ 14	⑯ 12

2
p.68

① 18	④ 19	⑦ 13	⑩ 19
② 13	⑤ 46	⑧ 28	⑪ 15
③ 26	⑥ 17	⑨ 27	⑫ 16

3
p.69

① 16	⑤ 48	⑨ 16	⑬ 17
② 28	⑥ 14	⑩ 18	⑭ 13
③ 29	⑦ 17	⑪ 12	⑮ 15
④ 37	⑧ 29	⑫ 16	⑯ 14

4
p.70

① 13	④ 16	⑦ 39	⑩ 13
② 12	⑤ 24	⑧ 28	⑪ 15
③ 27	⑥ 15	⑨ 16	⑫ 16

5
p.71

① 17	⑤ 19	⑨ 27	⑬ 38
② 46	⑥ 49	⑩ 16	⑭ 25
③ 26	⑦ 13	⑪ 15	⑮ 17
④ 12	⑧ 12	⑫ 16	⑯ 12

6
p.72

① 25	④ 14	⑦ 27	⑩ 15
② 46	⑤ 13	⑧ 19	⑪ 29
③ 14	⑥ 13	⑨ 14	⑫ 38

7
p.73

① 19	⑤ 26	⑨ 36	⑬ 39
② 47	⑥ 18	⑩ 28	⑭ 14
③ 17	⑦ 19	⑪ 15	⑮ 17
④ 18	⑧ 14	⑫ 13	⑯ 12

8
p.74

① 49	④ 27	⑦ 26	⑩ 18
② 18	⑤ 17	⑧ 16	⑪ 17
③ 13	⑥ 12	⑨ 37	⑫ 29

6 나누어떨어지지 않는 (몇십몇)÷(몇)

1			p.76
① 3…3	⑤ 8…5	⑨ 6…2	⑬ 5…4
② 4…1	⑥ 9…3	⑩ 7…7	⑭ 4…2
③ 12…2	⑦ 20…3	⑪ 10…4	⑮ 12…1
④ 16…1	⑧ 14…3	⑫ 14…2	⑯ 10…6

2			p.77
① 21…1	⑤ 22…1	⑨ 14…1	
② 22…2	⑥ 11…5	⑩ 15…2	
③ 12…1	⑦ 12…2	⑪ 10…2	
④ 12…2	⑧ 15…1	⑫ 49…1	

3			p.78
① 6…4	⑤ 9…2	⑨ 7…5	⑬ 5…7
② 3…3	⑥ 8…1	⑩ 4…4	⑭ 9…6
③ 17…1	⑦ 21…1	⑪ 11…4	⑮ 11…7
④ 21…2	⑧ 12…2	⑫ 16…3	⑯ 10…3

4			p.79
① 14…1	⑤ 17…2	⑨ 13…2	
② 11…2	⑥ 11…4	⑩ 16…3	
③ 29…2	⑦ 12…1	⑪ 13…5	
④ 25…1	⑧ 19…1	⑫ 11…1	

5			p.80
① 26…1	⑤ 44…1	⑨ 14…2	⑬ 19…2
② 31…1	⑥ 10…2	⑩ 18…1	⑭ 12…3
③ 17…2	⑦ 19…3	⑪ 11…3	⑮ 12…3
④ 15…2	⑧ 10…6	⑫ 12…1	⑯ 11…2

6			p.81
① 18…2	⑤ 13…3	⑨ 21…1	
② 17…1	⑥ 13…4	⑩ 20…1	
③ 24…2	⑦ 14…1	⑪ 37…1	
④ 10…7	⑧ 16…4	⑫ 11…1	

7			p.82
① 17…1	⑤ 33…1	⑨ 10…1	⑬ 15…2
② 24…1	⑥ 11…3	⑩ 13…2	⑭ 15…1
③ 13…2	⑦ 16…2	⑪ 12…4	⑮ 16…3
④ 10…5	⑧ 11…3	⑫ 11…1	⑯ 11…6

8			p.83
① 27…1	⑤ 16…1	⑨ 10…1	
② 12…6	⑥ 12…3	⑩ 28…1	
③ 19…1	⑦ 11…5	⑪ 15…5	
④ 11…5	⑧ 11…3	⑫ 42…1	

나누어떨어지는 (세 자리 수)÷(한 자리 수)

1 p.85

① 143   ④ 117   ⑦ 126   ⑩ 147

② 71   ⑤ 96   ⑧ 58   ⑪ 59

③ 92   ⑥ 87   ⑨ 34   ⑫ 57

2 p.86

① 114   ④ 112   ⑦ 121   ⑩ 104

② 85   ⑤ 74   ⑧ 32   ⑪ 49

③ 86   ⑥ 68   ⑨ 93   ⑫ 51

3 p.87

① 187   ④ 172   ⑦ 117   ⑩ 115

② 59   ⑤ 88   ⑧ 41   ⑪ 64

③ 77   ⑥ 95   ⑨ 87   ⑫ 52

4 p.88

① 329   ④ 146   ⑦ 111   ⑩ 134

② 89   ⑤ 36   ⑧ 78   ⑪ 74

③ 93   ⑥ 81   ⑨ 21   ⑫ 48

5 p.89

① 174   ④ 116   ⑦ 123   ⑩ 107

② 99   ⑤ 69   ⑧ 92   ⑪ 83

③ 87   ⑥ 94   ⑨ 54   ⑫ 96

6 p.90

① 231   ④ 174   ⑦ 239   ⑩ 218

② 71   ⑤ 82   ⑧ 54   ⑪ 76

③ 63   ⑥ 43   ⑨ 74   ⑫ 93

7 p.91

① 135   ④ 119   ⑦ 114   ⑩ 109

② 67   ⑤ 66   ⑧ 98   ⑪ 81

③ 89   ⑥ 67   ⑨ 97   ⑫ 93

8 p.92

① 104   ④ 136   ⑦ 127   ⑩ 162

② 91   ⑤ 78   ⑧ 37   ⑪ 36

③ 72   ⑥ 56   ⑨ 65   ⑫ 25

8 나누어떨어지지 않는 (세 자리 수)÷(한 자리 수)

1   p.94

① 132…1   ⑤ 46…2   ⑨ 92…4

② 56…1   ⑥ 74…2   ⑩ 137…2

③ 82…2   ⑦ 143…2   ⑪ 65…4

④ 119…2   ⑧ 77…5   ⑫ 84…5

2   p.95

① 104…4   ⑤ 48…2   ⑨ 64…3

② 75…1   ⑥ 82…1   ⑩ 124…3

③ 45…1   ⑦ 123…6   ⑪ 57…4

④ 132…2   ⑧ 40…1   ⑫ 22…2

3   p.96

① 135…2   ⑤ 97…3   ⑨ 69…2

② 88…1   ⑥ 53…2   ⑩ 107…5

③ 64…2   ⑦ 111…3   ⑪ 84…5

④ 158…2   ⑧ 90…1   ⑫ 78…4

4   p.97

① 201…1   ⑤ 76…6   ⑨ 64…4

② 69…1   ⑥ 89…2   ⑩ 115…7

③ 52…5   ⑦ 245…1   ⑪ 31…1

④ 157…3   ⑧ 45…2   ⑫ 70…3

5   p.98

① 164…3   ⑤ 93…2   ⑨ 90…6

② 57…1   ⑥ 57…3   ⑩ 112…3

③ 87…2   ⑦ 118…1   ⑪ 47…3

④ 138…4   ⑧ 86…2   ⑫ 94…7

6   p.99

① 111…2   ⑤ 39…4   ⑨ 98…1

② 51…1   ⑥ 99…6   ⑩ 158…2

③ 61…3   ⑦ 136…3   ⑪ 85…1

④ 113…5   ⑧ 48…6   ⑫ 82…3

7   p.100

① 117…2   ⑤ 89…1   ⑨ 68…4

② 65…1   ⑥ 66…5   ⑩ 108…6

③ 86…5   ⑦ 126…4   ⑪ 91…4

④ 141…5   ⑧ 77…1   ⑫ 98…8

8   p.101

① 241…1   ⑤ 41…2   ⑨ 84…4

② 70…1   ⑥ 53…3   ⑩ 204…2

③ 52…1   ⑦ 187…1   ⑪ 29…2

④ 126…3   ⑧ 76…7   ⑫ 99…1

실력 체크 최종 점검 5-8

5-A   p.104

① 14	⑤ 14	⑨ 14	⑬ 38
② 12	⑥ 28	⑩ 17	⑭ 15
③ 25	⑦ 12	⑪ 13	⑮ 18
④ 16	⑧ 36	⑫ 26	⑯ 19

5-B   p.105

① 37	⑤ 19	⑨ 14
② 15	⑥ 19	⑩ 13
③ 14	⑦ 13	⑪ 12
④ 16	⑧ 18	⑫ 29

6-A   p.106

① 16…3	⑤ 11…2	⑨ 11…7	⑬ 13…2
② 12…2	⑥ 28…1	⑩ 11…5	⑭ 37…1
③ 11…4	⑦ 18…1	⑪ 14…2	⑮ 12…3
④ 20…2	⑧ 10…6	⑫ 15…3	⑯ 31…1

6-B   p.107

① 10…4	⑤ 14…4	⑨ 18…1
② 32…2	⑥ 13…5	⑩ 13…6
③ 12…5	⑦ 16…1	⑪ 16…1
④ 12…3	⑧ 10…5	⑫ 12…3

7-A
p.108

① 302   ⑤ 69   ⑨ 45

② 84   ⑥ 89   ⑩ 179

③ 75   ⑦ 123   ⑪ 77

④ 284   ⑧ 72   ⑫ 93

7-B
p.109

① 195   ⑤ 86   ⑨ 89

② 94   ⑥ 98   ⑩ 112

③ 93   ⑦ 143   ⑪ 42

④ 312   ⑧ 69   ⑫ 94

8-A
p.110

① 186…1   ⑤ 83…5   ⑨ 74…1

② 64…1   ⑥ 33…2   ⑩ 104…5

③ 94…6   ⑦ 311…2   ⑪ 89…3

④ 121…6   ⑧ 82…5   ⑫ 99…1

8-B
p.111

① 313…1   ⑤ 96…3   ⑨ 92…6

② 76…5   ⑥ 65…4   ⑩ 169…3

③ 83…6   ⑦ 116…2   ⑪ 95…4

④ 103…8   ⑧ 48…2   ⑫ 93…7

Memo

기초수학 초등 4학년

7권	자연수의 곱셈과 나눗셈 고급	8권	분수와 소수의 덧셈과 뺄셈 초급
1	(몇백)×(몇십)	1	분모가 같은 (진분수)±(진분수)
2	(몇백)×(몇십몇)	2	합이 가분수가 되는 (진분수)+(진분수) / (자연수)−(진분수)
3	(세 자리 수)×(두 자리 수)	3	분모가 같은 (대분수)+(대분수)
4	나누어떨어지는 (두 자리 수)÷(두 자리 수)	4	분모가 같은 (대분수)−(대분수)
5	나누어떨어지지 않는 (두 자리 수)÷(두 자리 수)	5	자릿수가 같은 (소수)+(소수)
6	몫이 한 자리 수인 (세 자리 수)÷(두 자리 수)	6	자릿수가 다른 (소수)+(소수)
7	몫이 두 자리 수인 (세 자리 수)÷(두 자리 수)	7	자릿수가 같은 (소수)−(소수)
8	세 자리 수 나눗셈 종합	8	자릿수가 다른 (소수)−(소수)

기초수학 초등 5학년

9권	자연수의 혼합 계산 / 약수와 배수 / 분수의 덧셈과 뺄셈 중급	10권	분수와 소수의 곱셈
1	자연수의 혼합 계산 ①	1	(분수)×(자연수), (자연수)×(분수)
2	자연수의 혼합 계산 ②	2	진분수와 가분수의 곱셈
3	공약수와 최대공약수	3	대분수가 있는 분수의 곱셈
4	공배수와 최소공배수	4	세 분수의 곱셈
5	약분	5	두 분수와 자연수의 곱셈
6	통분	6	분수를 소수로, 소수를 분수로 나타내기
7	분모가 다른 (진분수)±(진분수)	7	(소수)×(자연수), (자연수)×(소수)
8	분모가 다른 (대분수)±(대분수)	8	(소수)×(소수)

기초수학 초등 6학년

11권	분수와 소수의 나눗셈 (1) / 비와 비율	12권	분수와 소수의 나눗셈 (2) / 비례식
1	(자연수)÷(자연수), (진분수)÷(자연수)	1	분모가 다른 (진분수)÷(진분수)
2	(가분수)÷(자연수), (대분수)÷(자연수)	2	분모가 다른 (대분수)÷(대분수), (대분수)÷(진분수)
3	(자연수)÷(분수)	3	자릿수가 같은 (소수)÷(소수)
4	분모가 같은 (진분수)÷(진분수)	4	자릿수가 다른 (소수)÷(소수)
5	분모가 같은 (대분수)÷(대분수)	5	가장 간단한 자연수의 비로 나타내기 ①
6	나누어떨어지는 (소수)÷(자연수)	6	가장 간단한 자연수의 비로 나타내기 ②
7	나누어떨어지지 않는 (소수)÷(자연수)	7	비례식
8	비와 비율	8	비례배분

초등필수 영단어 시리즈

1 단어와 이미지가
함께 머릿속에!

2 패턴 연습으로
문장까지 쏙쏙 암기

3 다양한 게임으로
공부와 재미를 한 번에

4 단어 고르기와
빈칸 채우기로 복습!

5 책 속의 워크북
쓰기 연습과
문제풀이로 마무리

초등필수 영단어 시리즈   1~2학년 3~4학년 5~6학년 초등교재개발연구소 지음 | 192쪽 | 각 11,000원

초등필수 영문법+쓰기

초등필수 영단어로
쉽게 배우는

창의력 향상
워크북이
들어 있어요!

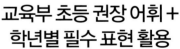

교육부 초등 권장 어휘 +
학년별 필수 표현 활용

★ "창의융합"과정을 반영한 영문법+쓰기

★ 초등필수 영단어를 활용한 어휘탄탄

★ 핵심 문법의 기본을 탄탄하게 잡아주는 기초탄탄+기본탄

★ 기초 영문법을 통해 문장을 배워가는 실력탄탄+영작탄탄

★ 창의적 활동으로 응용력을 키워주는 응용탄탄
 (퍼즐, 미로 찾기, 도형 맞추기, 그림 보고 어휘 추측하기 등)

초등필수 영문법 + 쓰기 시리즈   1권 넥서스영어교육연구소 지음 | 236쪽 | 12,000원   2권 넥서스영어교육연구소 지음 | 212쪽 | 12,000원